疯狂博物馆·湿地季

我是大英雄

陈博君 / 著 　　　　柯曼 / 绘

ZHEJIANG UNIVERSITY PRESS
浙江大学出版社

目 录

引子　梦中的仙境　　　　　　　　　　　　1

一　　仙境叫梯田　　　　　　　　　　　　4

二　　谁是大哥　　　　　　　　　　　　　15

三　　心有余悸　　　　　　　　　　　　　26

四　　跟楞半倒爷爷　　　　　　　　　　　34

五　　柳暗花明　　　　　　　　　　　　　45

六　　田间小百科　　　　　　　　　　　　50

七　　智斗斑鳢　　　　　　　　　61

八　　山神的腰花　　　　　　　　79

九　　我做错了什么?　　　　　　92

十　　贵宾专用道　　　　　　　　103

十一　一边倒的审判　　　　　　　112

十二　我是大英雄　　　　　　　　123

引子　梦中的仙境

"呼——，终于做完啦，我又自由咯！"经过一上午的奋战，卡拉塔提前完成了周末所有的作业。妈妈说过，只要能在周六搞定作业，剩下的假日就都归他自由支配。哈哈，是时候放松一下啦！

卡拉塔抓过一袋零食，美滋滋地蹦跶到电视机前："啊——，又是一个轻松愉快的周末呀，我最喜欢的《超级大脑》要开始了哎……"

暖春的微风最宜人入眠，楼下刚刚修剪过的草坪飘来阵阵青草的香味儿。经过了一上午的脑力风暴，累坏了的卡拉塔竟在电视节目的嘈（cáo）杂声中缓缓睡去。窗外的小鸟在屋顶轻快地跳来跳去，叽叽喳喳的欢叫声并没有吵醒这个精疲力竭的少年，倒是电视机里的讲解声，竟像调皮的小虫子，悄然钻进了卡拉塔的耳朵，潜入了他的脑海里。

"……中华大地上智慧的先民们，早在八千年前就开始种植水稻……在这高达千米的山上，铺陈开了百万亩的山水田园画卷……夏季，缭绕的云雾与金色的朝阳交织，灌（guàn）满山泉的田野一层叠着一层，仿佛一面面棱（léng）镜，反射出银白色的光，更加凸显了梯田在山腰间婀娜（ē nuó）的轮廓……田阶上新插的稻秧，绿油油的一片，散发出迷人的清香……"

"啊——，"卡拉塔在迷迷糊糊中微微颤动一下眼皮，耸着鼻子呓语道，"迷人的清香？高山上的稻田？啊……"

"是的，只有在这里的**梯田**中……"电视机里的声音仿佛在回答他。

卡拉塔的眼前浮现出漫山遍野的梯田，一条条婀娜的曲线蜿蜒着通向远处的山腰，他努力地踮了踮脚，却仍望不到边际。山顶和梯田的空隙间，挤着一片片郁郁葱葱的绿树。再往上，景色犹如仙境一般，云海绵绵，雾涛滚

梯田是在丘陵山坡地上沿等高线方向修筑起来的阶梯农田，这是治理山坡耕地水土流失的有效措施，能有效起到蓄水、保土、增产的作用。而且，梯田的通风透光条件较好，有利于作物生长和营养物质的积累。

梯田栽培在中国历史悠久，早在近两千年前的东汉时期，就有了做成梯田形状的陶田图。

梯田可分为旱梯田和水梯田两大类，旱梯田大多分布在西北黄土高坡，水梯田则主要分布在云南、广西等西南地区。其中水梯田属于典型的人工湿地，水田中不仅有人工栽培的水稻等农作物和鲤鱼、鲫鱼、泥鳅等人工养殖的水产，还有青蛙、蚂蟥、螺蛳等许许多多的野生动植物。

滚，使人通体舒畅，心旷神怡。

"今天的节目就到这里结束了，我们下周同一时间再会。"卡拉塔正想饱饱地大吸一口仙气，却被宣布节目结束的音乐拉回了现实。

他一个激灵坐了起来，揉着脖子环顾四周："啊，是我在做梦吗?可是刚才的画面那么真实。"

他在沙发上坐了半晌，心不在焉地摁着手里的遥控器，在几十个电视频道间换来换去，换来换去。这要是让卡馆长看见了，准又要批评他是没头苍蝇了。不过，现在的卡拉塔，确实有点像只失去方向的小飞虫，无论多么有趣的电视节目，都吸引不了他。卡拉塔的魂儿啊，早就被梦里的仙境勾去了。

一　仙境叫梯田

　　按捺不住心中神往的卡拉塔，干脆回到了自己的小房间，开始上网查找这个仙境究竟在哪里。

　　"那一层一层的田野，应该就是爸爸说过的梯田吧？"卡拉塔努力回忆着，他依稀记得卡馆长说过，有几家博物馆要联合办一个湿地展，向社会大众介绍各种不同类型的湿地，其中有一种由层层叠叠的田野和树林构成的高山湿地，就叫作梯田。

　　卡拉塔在检索框里输入"梯田"二字，弹出的图片里果然有一层层的田野、一片片的云雾和一丛丛镶嵌（xiāng qiàn）在山腰和山顶上的小树林。

　　就是这儿啦！卡拉塔好想去亲眼看看呀，可现在离假期还远呢，怎么办？

　　忽然，卡拉塔的视线落在了放在书桌一角的小仓鼠标本上，看到这坨毛茸茸的肉球球，卡拉塔紧皱的眉头顿时舒展开了。他扬起嘴角，喃喃道："嘿，我怎么把这个淘气的小坏蛋给忘了！"

　　话音刚落，萌萌的小肉球立刻伸出两只短短的爪子，扭起了身子："哎哟我的妈呀，你终于叫我了，我还以为你把我忘了呢，好久不活动，我的老腰和屁屁都要僵掉了。"

"哈，搞笑了吧你，腰？你的腰在哪里呢？"看着这只贱萌的小仓鼠把自己的双爪叉在浑圆的身上说自己腰疼，卡拉塔就忍不住跟他打趣起来。

"就这里！你看啊，不信你来捏捏，真的是腰嘛。"嘀嘀嗒不服气地用小爪子指着离自己胳肢窝没多远的地方，"哼，我的腰啊，在仓鼠里算是苗条的了呢！"

"是吗，"卡拉塔一脸坏笑，"那我可就要来试试看咯，到底苗条的仓鼠腰，手感是什么样的。"说着，伸出两个手指，直戳向嘀嘀嗒的腋下。

"啊，哈哈哈，哎呀，痒的痒的！"嘀嘀嗒只好放弃对腰的捍（hàn）卫，"好了，不闹了，说吧，这次想让我带你去哪里啊？"

"对啦，我想去看看梯田！"卡拉塔睁大眼睛，满脸认真地望着嘀嘀嗒。

"哇喔，你怎么突然想到要去看梯田了？"嘀嘀嗒被卡拉塔秒变的神情惊了一下。

"因为镜子一样的梯田，还有梯田上面的云海，都实在太漂亮了！对了，嘀嘀嗒你知道为什么梯田的顶上和山腰间要种那

一 仙境叫梯田

么多树啊？看着怪难受的，砍了多干净啊。那么美的风景，要是能在上面建个度假屋，多好！"卡拉塔盯着嘀嘀嗒，等待着这只博学的肉球解答自己的问题。

"当然知道啦！"嘀嘀嗒得意地昂着头，"这梯田啊，是一种人工湿地，因为人们要在大面积的山地上耕种养鱼，山泉难免会不够用……"

"是啊，那么多梯田要用水，这些水是从哪里来的呢？"卡拉塔急不可耐地插嘴问道，心中对那片美丽的仙境更是充满了好奇，"山上的水土不会流失吗？"

嘀嘀嗒把一对小肉爪放在胸前，往下压了压："淡定，淡定，年轻人怎么可以这么沉不住气，听我把话说完嘛。"

"呃，那好，你说你说，我不插嘴。"卡拉塔撇着嘴，缩了缩脖子。

"这个，水土嘛，自然是会流失一部分的，所以啊，你瞧不起的那些长在缝隙里的树木就起到作用啦。这些树不仅能涵养水土，而且会形成小气候。"

"小气候？小气候是什么？"

"这个小气候，解释起来很麻烦的。"嘀嘀嗒挥了挥手，"我给你换个说法吧，简单地说，就是大量的树木吸收空气和土壤里的水分后，受到阳光的照射，部分水分会通过树叶蒸腾和呼吸作用排出，在梯田上方变成积雨云，水分积聚到一定程度之后呢，就会和空气中的尘埃结合，然后下降……"

"就是下雨咯！"卡拉塔又忍不住抢答道，"也就是水又回到了田里，道理就像羊毛出在羊身上一样。"

"嗯，这么理解也不是不可以，不过还是感觉怪怪的……"嘀嘀嗒努着嘴，自言自语道。

此时的卡拉塔却早已顾不上嘀嘀嗒的碎碎念了，"我们走吧！"他激动地催促道。

"喂，喂，这是你家，要走去哪里？"小仓鼠鼓着腮帮子，有些生气地看着面前这个开心得有点忘乎所以的少年，"我可没办法直接把你带到你想去的地方！"

"我知道我知道，要去博物馆的嘛，所以委屈你咯！"卡拉塔说着，一把抓过桌子上的嘀嘀嗒，动作粗鲁地塞进了书包。

"你干吗呀！"书包里传来一阵指甲在纤维布上划来划去的声音，是嘀嘀嗒在挣扎抗议。

卡拉塔轻轻地拍拍书包，安抚道："嘀嘀嗒，你稍微忍耐一下，我们马上就到博物馆的。"

"哇！臭卡，你知道还这么早叫我，干吗不到博物馆再叫醒我呀！走路注意点，别把我颠晕了！"

"好啦，知道了知道了。"卡拉塔嘴里草草地答应着，心儿早

一 仙境叫梯田

已飞到博物馆去啦。

此时已近黄昏，太阳垂下了半边脸，路上的行人纷纷往自己家中走去。人群中，却有一个小小的身影与大家逆向而行，而且前进的速度还特别快。

卡拉塔多想立刻飞奔到博物馆啊，因为再过一会儿博物馆就要闭馆了。但是想到书包里的嘀嘀嗒，会像个皮球一样被颠得上下翻滚，他又不得不尽量放缓了脚步。

几十分钟后卡拉塔已经来到了湿地博物馆。此时距离闭馆的时间还有一刻钟，偌（ruò）大的展厅里，只有零星几人还在参观，周围安静得像夜间的博物馆一样。

"呼——，还好没关门。"卡拉塔匆匆跑进展厅，一边拍着胸脯，一边长长地舒了一口气。

哇！博物馆的设计人员真是太厉害啦，你看那大大小小层叠错落的梯田、绿意盎然整齐有序的稻秧，还有梯田的水面上几只姿态各异的鸭子，以及挤在梯田间的一丛丛树林，哈哈，虽然少了缭绕的云雾，但这梯田的复原场景，跟梦境里的仙境还真是有八九分的神似呢。

"嘀嘀嗒，出来吧，我们到啦！"卡拉塔来到一个没人的角落，转过身去，对着书包里的小仓鼠轻声喊道。

可是书包里的小家伙却什么动静都没有，连爪子划拉书包的声音也没有了。

卡拉塔赶紧打开书包，只见小肉球紧闭着双眼，一动不动地躺在那里。卡拉塔顿时慌了神，大喊道："天哪，怎么办！嘀嘀嗒，嘀嘀嗒！"

安静的展厅里兀（wù）然响起这几声大叫，所有人的目光顿时都聚焦过来。正跪在地上的卡拉塔一阵慌乱，他赶紧掏出书包里的手机，假装接听着电话，朝展厅一侧的卫生间跑去。

一进入卫生间的小隔间，卡拉塔赶紧捧出嘀嘀嗒："嘀嘀嗒！嘀嘀嗒！你怎么啦嘀嘀嗒？你应我一声啊！嘀嘀嗒你不要吓我啊。你是不是颠晕了呀？嘀嘀嗒你不要怕，我马上给你做人工呼吸啊！"说着就把嘴凑向嘀嘀嗒。

"哎呀，打住！我醒了！我醒了！"嘀嘀嗒猛地睁开眼睛，用小爪子嫌弃地推开了卡拉塔。

"哈，嘀嘀嗒，你没事啦？没事就好，没事就好。"说着，突然又反应过来，"没事？好你个嘀嘀嗒啊，没事你还装晕骗我，你……"

"谁骗你啦，你这一路颠的，我当然要晕了。"嘀嘀嗒摸摸脑袋，吐了吐舌头，"不过嘛，刚才你在展厅里那么大声，千年树爷爷的瞌睡都要被吵醒了，怎么还会叫不醒我嘞！"

卡拉塔一听，脸都绿了："哼！那我刚才喊你，你干吗又不

一 仙境叫梯田

理我？分明就是在耍我嘛，害我担心了！"

"这都能怪我？！刚才那种情况，要是被大家发现我这只会说话的小神鼠，那我肯定会被人抓去解剖了的。"嘀嘀嗒不紧不慢地分析道。

"哦哦，这倒也是。"卡拉塔被他这么一分析，气立消了大半，注意力这才重新回到了梦中的仙境，"不过嘀嘀嗒，既然你没事，你就赶紧带我变身去梯田里吧！"

"这个，不着急，你先告诉我，这次你想变成什么小动物？"

是啊，变成什么呢？这次万万不能再变树蜂小飞虫，太弱了；也不能变瞪羚（líng），因为梯田里不可能有瞪羚的；变成鱼的话，倒是没试过，不过要一直待在水里，好像挺不自由的……

到底变个什么好呢？唉，真头疼！不如再去看看复原场景，找找灵感看吧。

卡拉塔从厕所门口探出了头，向展厅里张望。呀，仔细看过去，梯田里的大小动物还真不少呢，梯田的水面上游着几只毛茸茸的小鸭子，梯田的泥壁上吸附着许多黛（dài）青色的田螺，山顶的小树上还有只仿佛没有耳朵的小猴，丛林里还有一对若影若现的黑熊……这么多的选择呀，这怎么挑得过来呢！

这时，田间的一只龙虾忽然吸引住了卡拉塔的目光。这只龙虾披着亮红色的铠（kǎi）甲，举着一对强壮的大螯，两条长长

的触须威武地垂挂在泥壁上。

"嘀嘀嗒，我想好啦，我要变龙虾！"卡拉塔兴冲冲地说。

"噗（pū）……，哈哈哈，龙虾……哈哈哈哈哈，在梯田里，哈哈哈，变龙虾……"嘀嘀嗒捧着肚子，笑得全身的肉肉乱颤。

卡拉塔嘟起了嘴："你笑什么呀，我明明看到的啦，梯田里明明就有龙虾！"

"你说的那个不是龙虾啦！应该叫克氏原螯虾，也就是大家俗称的**小龙虾**。"嘀嘀嗒笑够了，这才认真地说。

"那不就是小一点的龙虾嘛。"卡拉塔继续嘟着嘴。

"不不不，你这么说呀，林奈的棺材板都要压不住了！"嘀嘀嗒摆摆小爪子。

"林奈是谁？关他什么事？"

小龙虾是生活在淡水中一种像龙虾的甲壳类动物，学名叫"克氏原螯虾"。小龙虾的肉味很鲜美，所以很受人们欢迎。但是小龙虾体内含有大量细菌和寄生虫，尤其是头部和背上的虾线，一定要去除干净；而且，烹饪时间要在20分钟以上，才能把病菌彻底杀灭。另外，如果发现烧熟的小龙虾尾巴是直的，那就是死虾，千万不要吃；如果尾巴是弯曲的，蜷缩着身体的，那就可以放心吃，不仅美味，而且营养也很不错哦。

小龙虾甲壳坚硬、通体暗红，头部有3对触须，胸部有5对步足，其中第一对步足特别大，是非常有力的螯足，尾部有5片尾扇，母虾在抱卵期和孵化期爬行或受敌时，尾扇会向内弯曲，以保护受精卵或幼虾免受侵害。

小龙虾的生存能力非常强，广泛分布于世界各地。它们的摄食范围也很广，水草、藻类、小鱼小虾、浮游生物、底栖生物、水生昆虫、动物尸体等都吃，食物匮缺时甚至会自相残杀。因其杂食性、生长速度快、适应能力强，常在生态环境中形成绝对的竞争优势。

卡拉塔双臂抱在胸前，一脸狐疑。

"林奈啊，全名卡尔·冯·林奈，是瑞典著名的生物学家。他提出了生物的双名命名法，目的嘛，就是让你这种小傻瓜，能弄清不同类群之间的亲缘关系和进化关系。"嘀嘀嗒看着面前一愣一愣的卡拉塔，继续说道，"双名命名法啊，就是按照动植物的生物学不同特征，以界门纲目科属种来命名生物。那以刚才你说的小龙虾为例子吧，它就属于动物界，节肢动物门，甲壳纲，十足目，螯虾科，原螯虾属；而龙虾呢，也是十足目里的，不过属于龙虾科。况且龙虾生活在海里，克氏原螯虾生活在淡水里，还有啊……"

在嘀嘀嗒滔滔不绝的演说中，卡拉塔一脸崇拜地看着他。虽然嘀嘀嗒博学他是素来知道的，但是看着这么一只小圆球似的肉肉鼠，竟一口气说完这么多，还都不用多喘一口气，卡拉塔还是在心中暗暗佩服，真不愧是小神鼠啊！不过要再让嘀嘀嗒这么耽误下去，博物馆可就要闭馆啦。

于是，卡拉塔赶紧把话题带回来："好吧好吧，你说得都对，我虚心受教。但你要是再这么无私传授下去，我们就赶不及了。我们就变龙虾吧，哦不，是小龙虾，克氏原螯虾！"

"嗯，孺子可教也。看你态度还不错，我就马上开动啦。"嘀嘀嗒认可地点点头，掏出了漂亮的小银哨。

"咻——咻——咻——"

二　谁是大哥

　　嘀嘀嗒的哨音一响，卡拉塔的身子和眼皮就沉重了起来，他知道变身开始了。只当睡一觉做个美梦，他心里这么想着，便放心地闭上了眼，任由意识缓缓进入黑暗之中。

　　不知过了多久，眼前的一片漆黑渐渐变成了酱紫色，四周似乎蒙着一层薄薄的透明膜，卡拉塔能感受到温凉的水在薄膜外面流动，又轻又柔，像风吹过妈妈的纱巾。他伸出手想去感受一下，没想到这层膜竟这么脆弱，卡拉塔稍一用力，薄膜立即就破了。

　　卡拉塔索性钻出小脑袋，看见一个红色的大盘子竖立在水中，仿佛一堵红墙，远处还有几根黑红色的大柱子，周围除了水和泥，就是一大片酱紫色的小球球，一颗一颗互相紧挨着。面对如此陌生的场景，卡拉塔慌得打了好几个冷颤："嘀嘀嗒，嘀嘀嗒，你在哪儿呢？"

　　"我在这儿！"突然，远处的一颗小球球里，噗的一下冒出一个小小的脑袋，"你别怕哦，我们是在虾妈妈的肚子下面哩。"

　　"哦，我们现在已经变成小虾仔了对吧？那，那个是什么呢？"卡拉塔指着远处的大红盘子问道。

"那个呀，是虾妈妈的尾巴啊，那是用来保护我们兄弟姐妹的。"嘀嘀嗒耐心地解释着。

"兄弟姐妹？"作为独生子的卡拉塔，一听到兄弟姐妹顿时来劲儿了，"在哪儿呢？他们在哪儿呢？"

"就在周围啊，你看，这些都是我们的兄弟姐妹！"嘀嘀嗒指着那片酱紫色的小球球。

听嘀嘀嗒这么一说，卡拉塔这才定神仔细观察起了那一粒粒像小球一样的东西。啊，原来这都是虾卵呀。好家伙，这些虾卵一丛挨着一丛，密密麻麻的，少说也有几百颗吧。

"哈，这么多！这些都是我们的兄弟姐妹啊？不对，应该是我们的弟弟妹妹，我们的大家庭可真大呀！"卡拉塔冲着嘀嘀嗒傻笑。

"谁说都是弟弟妹妹啊？我就是你的哥哥，快，叫哥哥！"忽然，不知何处传来了一阵小奶音。

"谁？是谁在说话？"卡拉塔赶紧游到嘀嘀嗒身边。

这时，卡拉塔终于看到了，从远处的一颗紫色小球里钻出一只透明的小虾仔，正晃晃悠悠地踩着其他小球球飘了过来。小虾仔昂着头："是我！看我的块头就比你大，快，喊一声大哥来！"

看着眼前和自己差不多大小的小虾仔如此趾高气扬，卡拉塔和嘀嘀嗒有些哭笑不得。他们也不想和这只虾米做什么争辩，毕竟，还有这么多虾卵，谁知道一会儿又会从哪里跑出个二哥、三哥什么的。正想着，果然一只更小的虾仔跳了出来："你不用叫他哥哥，我刚才都看到了，明明是你先出来的。"

"瞎说！明明是我先。"那只趾高气扬的虾仔寸步不让。

"是他先！"小小的虾仔也不肯示弱。

"是我先！是我先！我先我先我先！"

……

两只小虾仔眨眼间扭作一团，争得天昏地暗，站在一旁的嘀嘀嗒和卡拉塔都被这一幕给吓傻了。嘿，这才两兄弟呢，就这么僵持不下；以后几百号家庭成员都出来了，岂不是要吵翻了天！

"好啦，好啦，不吵了不吵了，你们两个都是我的好哥哥行了吧。"嘀嘀嗒做起了和事佬。

"不好！哼，你懂什么呀，我见证了这个大块头比他小，就说明你们两个都比我小，我就是你们……"说着小小虾仔举着透明的小钳子一个个指了过来，"三个的大哥啦。"

好哇，居然打的是这样的如意算盘。听到这里，卡拉塔已经不想再跟他们胡搅蛮缠了。

本来嘛，他们变身过来做小龙虾，就只是客串一把的。再说啦，这么多家庭成员哪里算得过来啊。于是，卡拉塔拉拉嘀嘀嗒的小足，示意他赶紧远离这个是非之地。但问题是他们都还是小虾仔呀，单独行动的话只有等着被其他小动物吃掉的份，哪里远离得了哇。

渐渐地，周围的紫色小球球里纷纷钻出了许多小脑袋，软软的触角，透明的躯体，淡灰的小眼睛，嘻嘻，真可爱啊。

一会儿工夫，周围的小球球都不见了，密密麻麻的小虾仔在红色的大盘子上游来游去。卡拉塔和嘀嘀嗒于是又认识了不

少新家人。除了刚才那两只一出生就想做大哥的大块头和小不点，还有头大到出生三天还站不稳的二愣子、整天叨叨着找好吃东西的馋唠唠、不停上蹿下跳的小火箭和说话嗲声嗲气的小海绵……说来也好笑，之后遇到的虾妹妹、虾弟弟的名字，都是嘀嘀嗒给起的，大家居然也没有一丝不满，都欣然接受了。

　　大概因为卡拉塔是独生子，平时太冷清，一下子多了这么多家人，他实在开心得不得了。每天和兄弟姐妹们在虾妈妈的肚

子下面捉迷藏、做游戏，真是逍遥自在、无忧无虑啊，一晃不知过了多少天，他们都快忘了此行的目的。

一个凉爽的午后，卡拉塔和嘀嘀嗒正趴在红色的大盘子上小憩，忽然，大盘子扇动起来。这一动，沉在水底的泥层都被翻搅起来，周围顿时一片浑浊。

"快，抓紧虾妈妈的腿！"周围的可视度越来越低，嘀嘀嗒赶忙抓着卡拉塔向一根红色的柱子游去。

哗啦啦——哗啦啦——巨大的水浪声中，卡拉塔吓得闭紧了双眼，他绷紧着全身，只感觉周围的水快速流过。他死死地抱紧虾妈妈的"腿"，小小的身躯不停地颤抖，脑袋里一片混乱——发生什么事啦？我们这是要去哪里？虾妈妈不是应该保护我们的吗？她该不会像企鹅一样，准备抛弃自己的孩子吧！卡拉塔的脑海中思绪万千，可他什么也做不了，只能任凭身体随着水流摆动。

也许是感受到了宝宝们的恐惧，虾妈妈放慢了速度，卡拉塔们身边的水速这才缓了下来。卡拉塔慢慢睁开眼睛，虽然光线昏暗，但凭借着小龙虾的眼睛，他仍然能看得十分清楚。

眼前的景象，是这个十几岁的少年从未体验过的。卡拉塔暂时忘了恐惧，好奇地向四周打量起来。水仍旧有些浑浊，黏（nián）黏的泥土混着一些植物的根茎，时不时还出现一些大大小小的小龙虾长着一对威风的大螯，和我们人类的双臂双手一样，这对螯足具有取食、作战、求偶和感知外界环境变化等多种功能。但令人震惊的是，当它们在遇到外敌无法战胜的时候，竟会毫不犹豫地断掉自己的螯足，迅速脱身逃离危险。

你可别担心哦，虾蟹类动物都拥有断螯再生的特殊本领，当他们还在青春期长身体的时候，这对螯足具有十分神奇的再生功能，其根本原因是在它们的遗传基因中存在着这种功能的信息。当小龙虾遇到危险时，就会本能地断肢，断口上会产生一些分生细胞，这些分生细胞不断分裂、分化、生长，直到下次脱壳前逐渐长成一只相同形状、功能的新肢体，并在脱壳后长到正常模样。但是成年之后的小龙虾，断螯缺肢后就不会有再生功能了。

石粒，这些根茎和石粒在此时的卡拉塔眼中都是那么巨大。

忽然，眼前出现一个庞大的红色物体，那耀眼的红色就跟虾妈妈身上的颜色一模一样。卡拉塔定睛一看，不禁失声惊叫起来："啊呀！那不是一只小龙虾的臂螯（áo）吗？"

前方斜插在泥土里的，果然就是一只大大的小龙虾断螯！那么鲜艳，那么触目惊心。卡拉塔顿时感觉浑身的鸡皮疙瘩都竖了起来，他声音颤抖着说："是哪只小龙虾这么可怜呀？断了这么大一只臂螯，一定要疼死了！"

"呵呵，不会疼死的。"头顶忽然传来了一阵温柔而又低沉的笑声，原来是虾妈妈听到了卡拉塔的感叹，"孩子啊，这是我们小龙虾求生自救的一种特殊本领呢。当遇

二 谁是大哥

到危急情况的时候，挣断臂螯是逃脱危险的好方法呢！"

"那少了一条臂螯，做事情不是就很不方便了吗？"

"不会的，过不了多久，断臂的地方就会长出新的臂螯来的，虽然这样双臂就会一大一小，但也不妨碍做事啊。"

虾妈妈缓慢地前进着，光线一道道地从大盘子和红柱子的缝隙中透过来，照亮了周围的一切。水里的世界突然变得如此美丽，阳光在水分子的折射下变幻出各种颜色，这里还是嫩浅浅的绿色，那边就已经是亮灿灿的黄色了。

虾妈妈刚停下脚步，小虾仔们就欢腾地在虾妈妈身边游开

了。卡拉塔扭扭的尾巴，这边游游，那边荡荡，一边寻找着嘀嘀嗒，一边观赏着水底的景色。

"卡拉塔，原来你在这儿啊。"嘀嘀嗒游到卡拉塔的身边，"刚才把你吓坏了吧？"

"哎哟喂，还说呢，我差点以为虾妈妈不要我们了呢。"卡拉塔舒了口气。

"丢下自己的孩子倒是没听说过。不过啊……"嘀嘀嗒说着，猛地向卡拉塔一扑，"啊呜一口吃掉你，是有可能的！"

"切，我才不信呢！"卡拉塔翻了个小白眼。

"是真的，你想啊，虾妈妈一窝要生几百个小宝宝呢，总有这么几十只发育不好的，老喜欢赖在虾妈妈腿上，又不能带着一辈子吧？赶又赶不走，就只好吃掉啦。"

"什么？居然有这样的妈妈？！"卡拉塔顿时受到惊吓，他下意识地躬身一弹，远离虾妈妈的螯足，拼命向远处游去。

"回来！快回来！"嘀嘀嗒焦急地呼喊，"外面危险！"

不远处，一条大黄鳝（shàn）突然向卡拉塔的方向蹿了过来。卡拉塔被这突如其来的危险吓得不知所措，他颤抖着三对步足，呆在原地，大脑里一片空白，除了剧烈的心跳声和大脑的轰鸣声，他只听到心里有一个声音在不停地重复：完了！完了！完了！

二　谁是大哥

"你傻愣着干什么呢！"说时迟，那时快，身后一对螯足猛地钳住卡拉塔的尾巴，用力向后拽去。那凶狠的黄鳝扑了个空，倒也没再追击，嗖的一下竟游走了。

卡拉塔回头一瞧，原来是大块头！只见他竖着两根触角，生气地说："知不知道，这样会没命的！"

惊魂未定的卡拉塔望着大块头，心里涌起一阵暖暖的感动，"啊，是你，我……"

"我什么我，别结巴了，这不已经安全了嘛。"大块头拍拍卡拉塔的背。

卡拉塔忍不住咧开嘴笑了："嘻嘻，原来你这么紧张我呀，之前不是还和我争哥哥的位置吗？"

"我这是在尽做哥哥的本分，能力越大责任越大，你这个小弟

黄鳝和泥鳅是大家非常熟悉的两种水生小动物，它们都长着光溜溜的、又细又长会扭来扭去的身体，都喜欢待在水边的泥洞和石缝里，因此不少人常常把它们给搞混了，分不清到底是黄鳝还是泥鳅。

其实黄鳝和泥鳅的区别还是挺明显的。首先我们来看它们的体型：泥鳅的体型较小，身子短，大约只有两三尺长；黄鳝的体型相对来说就要长多了，一般起码有六七尺长，样子像蛇一样。

然后再看它们的体色：泥鳅的身体一般是灰黑色的，仔细看全身有许多小黑斑点；而黄鳝的体色则青中泛黄，还常常带有深灰色的斑点。

最后再看它们的头部，也是很不一样的：泥鳅是有胡子的，头上长着5对触须；黄鳝的头很大，呈锥子形，但没有胡须。

弟是不会懂哒！"大块头昂着头说道。

"哦，这样啊，那好那好，小弟我在这儿谢过大哥了。"卡拉塔举起两只小螯，像模像样地作了个揖。

听到有人肯定了自己，大块头心满意足地游走了。这时嘀嘀嗒也赶了过来："刚才好凶险啊，你可吓死我了！还好大块头救了你，真没想到他还挺有魄力的。"

"嗯，是呀，之前还不满他抢着做大哥，现在我算是心服口服了！"

三　心有余悸（jì）

经历此番凶险后，卡拉塔变得异常胆小，他再也不敢乱跑了。他虽然依旧在虾妈妈的肚子下欢腾地玩耍，但最远只敢在虾妈妈的尾巴附近徘徊，而对外面的世界却产生了一种深深的恐惧。小海绵他们想出去玩捉迷藏，生拉硬拽（zhuài）都拉不出他来。不过，大家还是挺照顾卡拉塔的，也时常陪他玩一些安静的游戏。

有小伙伴们的陪伴，卡拉塔感觉过得特别开心。但总这么拖着小伙伴们，他心里也觉得挺不是滋味，想着总有一天，还是要突破自己的心理障碍。

时间过得真快啊，随着天气渐渐转凉，小虾仔们经过几次蜕皮，都从透明的小萌物变成了一只只有模有样的小龙虾。

这天，卡拉塔和嘀嘀嗒正睡得香呢，迷迷糊糊中听见一阵脆生生的笑声。

"哈哈，你好啊，我叫馋唠唠，我们都已经三个月啦，你们呢？"

"馋唠唠？你的名字真好玩！我叫脆脆……"

"哇！你的螯好大呦！"

"嘻嘻，来抓我呀，抓不到，嘞嘞嘞……"

还没睡醒的卡拉塔慵懒地伸了伸腰，翻过身堵着耳朵想接着睡。他早已习惯了这个大家庭中每个吵吵闹闹的晨昏，以为这不过又是兄弟姐妹们到了一个新地方才感觉那么新鲜。

但是，不绝于耳的嬉闹和问好声，在卡拉塔的耳边不断响起。咦，大家都认识的，问什么好啊，而且还没完没了的。卡拉塔狐疑地揉揉眼睛，哇！这是哪儿呀？这么多虾妈妈，这么多小虾虾，还有好多洞洞，简直像个虾宝宝乐园！

"嘀嘀嗒，嘀嘀嗒，快醒醒，你看这是什么地方呀？"卡拉塔推搡着嘀嘀嗒喊了起来。

"什么事呀，大惊小怪的。"嘀嘀嗒不耐烦地举起螯足挥了两下，"让我再睡会儿。"

"咦，不对呀。"这时，卡拉塔才发现虾妈妈的肚子下空荡荡的，除了十来只特别孱（chán）弱的虾仔外，其他小伙伴都不见了！"小海绵和小火箭他们呢？我刚才明明听见馋唠唠的声音了，怎么也不见他呀？"

"不见了？大概是出去玩了吧。难道都像你这么胆小啊，别看小海绵平时嗲声嗲气的，她都比你勇敢多了。"嘀嘀嗒懒得睁开眼睛，不紧不慢地教育着卡拉塔，妄图再给自己争取一点睡觉时间。

"不是呀，不只小海绵，是大家，大家都不见了！"

"什么！大家都不见了？"嘀嘀嗒一个鲤鱼打挺，"那，我们也快走吧！"说着，就要往外游。

"可是，可是……"卡拉塔吞吞吐吐的，在原地磨来蹭去，"可是，外面……"

嘀嘀嗒盯着卡拉塔，斩钉截铁地说："没有什么可是的！你要是再不走，我就不管你了！"说完头也不回地朝外面游去。

"哎！嘀嘀嗒，你别这样，别这样嘛！"见嘀嘀嗒如此决绝，卡拉塔着急了。

可是嘀嘀嗒丝毫没有心软的表示。不一会儿，他的身影就消失在远处的虾群中不见了。

外面还是一片喧闹，与虾妈妈肚子下的冷清形成了鲜明的对比。卡拉塔游到虾妈妈的尾巴顶端，伸出小足探探外面的泥地，却始终不敢再迈出一步。

他心有余悸哪！

卡拉塔落寞地回到虾妈妈肚子下面，心里充满了委屈。

嘀嘀嗒今天怎么变得这么反常啦？难道是我的怯懦，真的已经严重到让如此亲近的好朋友都心生嫌弃了吗？卡拉塔把自己缩成一团，伤心、委屈和不安的眼泪悄悄地滑了出来。

"卡拉塔——卡拉塔——"一个柔柔的声音忽然在耳畔响起，是小海绵！卡拉塔惊喜地转过身。果然是小伙伴们！小伙伴们不知什么时候悄悄回到了卡拉塔身边。

　　"咦，你怎么哭了？"小海绵睁着圆圆的大眼睛。

　　"不不，我没有！"卡拉塔赶紧别过头去。

　　"怎么没有，我都看见哩。"说话的是二愣子。

"哎呀，你还是害怕。有什么好怕的，卡拉塔我跟你说，外面好玩的东西可多了，有滑滑梯，有摇摇椅，还有好多，好多，好多，好多，好多，好多的小虾，和我们一样！"小火箭一连说了这么多的好多，一下子就把卡拉塔给逗笑了。

"你看你，笑了笑了！"馋唠唠咬着一根绿绿的茎叶，"我和你说，这东西可好吃了，甜丝丝的。来，我带你去吃。"

"可是，可是外面太危险了，会被大黄鳝吃掉的！"卡拉塔固执地喊道。

小伙伴们错愕地看着卡拉塔，一下子不知如何是好。这么多的好言相劝，还是抵不过卡拉塔内心的那份恐惧呀！大家摇摇头，失望地四下游开了。

看到大家失望的样子，卡拉塔真恨自己呀，他生气地踹了两脚，没想到竟踢到了虾妈妈的爬足。虾妈妈条件反射般地迅速收回腿，卡拉塔霎时被撞得头晕目眩，一下子跌落在了大红盘上。

他耷拉着脑袋，有气无力地向外张望着，心中盼望着小伙伴们回来找自己。

稻秧随着水波缓缓地摇晃，偶尔点过水面的小虫，似乎都不愿意多停留一秒。感受不到一丝动静的卡拉塔，把自己的身体缩成了一个小球。他的内心多么渴望外面的世界啊，他想起在博物馆里看到的场景，想起心心念念的仙境，想起被自己气走的嘀嘀嗒和伙伴们，不甘和难过塞满了心头。

不行，再这么胆怯下去，一定会失去这些可爱的小伙伴，甚至失去更多东西的！卡拉塔不断地提醒着自己、鼓励着自己：我必须克服恐惧心理！

"嘀嘀嗒！小海绵！"卡拉塔一咬牙，一闭眼，奋力向外一冲。

水流哗哗地在身边流过，他顾不上害怕，一直朝着小伙伴的方向游去。

离开了虾妈妈的肚子，周围的光线骤（zhòu）然强烈起来，水温也慢慢上升，暖暖地包裹着卡拉塔，他渐渐感觉到外面的世界并不那么可怕。

"好棒好棒！卡拉塔终于出来了呢。"躲在一旁的小海绵咯咯咯地笑了起来。

突然间，伙伴们都从周围的稻秧水草里跳了出来，绕在卡拉塔身边齐声鼓掌。

"哇，原来你们是故意的呀！"卡拉塔回过神来。

大块头一把揽过卡拉塔："男子汉，就应该勇敢点，瞧你之前那个样子，简直丢我们小龙虾的脸！"

"是呀，不把你激出来，你可就要一直做缩头乌龟了。"小不

三 心有余悸

点调皮地戳了戳卡拉塔。

"以后我们可以一起在外面捉迷藏啦，好哦！好哦！"小火箭上蹿下跳的，把大家都绕晕了。

"还可以一起去吃好吃的！"馋唠唠高兴地咬了一口落在泥里的谷子。

"嘿嘿，我们还认识了好多新朋友呢，"二愣子憨（hān）厚地敲了敲自己的脑袋，"拐过两个梯田啊，还有健身俱乐部，有个虾哥哥，脑袋比我还大两圈哩。"

大家七嘴八舌，吵吵闹闹，可卡拉塔一点都不觉得烦。有这么多关心自己、善良可爱的家人，他打心眼里高兴呀。

"其实也没那么难吧？"一个熟悉的声音从身后传来。

卡拉塔转过身，是嘀嘀嗒！

"嘀嘀嗒！嘀嘀嗒！"卡拉塔开心地冲上去抱住他，"我还以为你生我的气不理我了呢，这个鬼点子是你出的吧？"

"我当然生你的气啦，你是男子汉大丈夫，总这么懦弱可怎么行。而且，什么叫鬼点子？我这可是锦囊妙计！要是不吓吓你啊，你怕是一辈子都待在虾妈妈肚子下面不出来咯。"嘀嘀嗒捂着嘴偷笑。

"哪有啊，你总是这么夸张，之前还吓唬我说虾妈妈会吃我，害得我差点被黄鳝吃掉。"卡拉塔没好气地说。

"天地良心，哪里夸张！虾妈妈是真的会吃掉发育不好或者超过发育期还不愿意离开的小虾仔的。"嘀嘀嗒一本正经地说。

　　什——什么！卡拉塔一惊，身体猛又往后一缩。

　　扑通，用力过猛的卡拉塔撞到了一个硬硬的壳上。

　　"哎哟，小伙子，不要激动，慢点儿。"

三　心有余悸

四　跟楞半倒爷爷

"对不起。"卡拉塔抬头，看到一对深红色的大螯立在泥地里，螯足上还有许多凸起的小点点，长长的触须一直垂到弯起。

"哦，没事没事。"小龙虾爷爷看着这个讲礼貌的小家伙，眯起了眼睛，"你，也是新来的那群小家伙里的吧？怎么前几天没见着你啊。"

"我，我……"卡拉塔吞吞吐吐的，虽然他已经战胜了恐惧，但是说起这件事，不免还是感到有些小丢脸。

"他前几天身体不舒服，所以找了个洞休养了几天。"嘀嘀嗒见状赶紧打了个圆场。

"对啊对啊，他身体比较弱。"小海绵也在旁边帮腔。

小龙虾爷爷摇摇头："呦，这小小年纪身体怎么会这么弱？一定是缺乏锻炼！想当年啊，我不到三个月就可以自己打洞了。在我出生的地方，我的威名那是无人不知、无人不晓啊，你们看我这对无敌大螯，没几只小龙虾能赶得上我！那时候，不知道有多少小姑娘迷我迷得不行哦，有一个姑娘，天天帮我洗淤泥澡，还有一个啊……"

> 跟楞半倒是云南的方言，意思就是没本事、能力差，做事情拖沓、不着要点、效率不高。
>
> 云南方言源远流长，古雅纯朴，它保留了部分古语的用法，同时广泛吸收了江淮方言、华北方言、江南方言的部分特点，并且掺杂了云南少数民族的词语用法，不断融汇创新，经过较长时间的演变而成。近年来，随着改革开放，一些其他地方的方言，如粤语、川话中的新词语在全国范围内影响力越来越大，也使得云南方言出现了更多的新词汇，展现出不一样的特点。

"这是谁呀？说起话来这么滔滔不绝的。"卡拉塔捅了捅身边的小不点，悄声问道。

小不点压低了声音："这是**跟楞半倒爷爷**，是这里资格最老的大家长，虽然有点爱唠叨，不过心肠可好了。"

"为什么要叫跟楞半倒爷爷呢？"卡拉塔好奇地问。

"跟楞半倒是云南方言啊，就是拖拉唠叨没完没了的意思啊。"小不点捂着嘴笑道。

果然是哦，小龙虾爷爷真能讲啊，从年轻时的威风八面说到近期的风采依旧，从身体健康说到打洞纪录，毫无重点，却总不间断。

天边，太阳渐渐从晃眼的亮金色变成了温柔的橘黄色，小龙虾爷爷却丝毫没有要停下的意思。

小伙伴们起初还毕恭毕敬地认真聆听，可渐渐地，几个小脑袋一点一点地，仿佛都成了丝线勉强维系在脖子上摇摇欲坠的装饰品。

"说起这个打洞啊，还是不能用蛮力，最重要的是巧劲儿，可不能见着泥就打……"小龙虾爷爷的声音真的和语文老师有得一拼呀，卡拉塔的上下眼皮不知道大战了多少回合了，这种想睡不能睡的感觉，实在太折磨人了。

"谁来救救我们啊！"卡拉塔在心里默念道。

"小海绵、小火箭，原来你们在这里啊！"正当卡拉塔陷入绝望之际，小龙虾爷爷身后忽然出现了一条俏皮的小红尾巴。

"哎哟喂，这是谁呀？"小龙虾爷爷慢慢转过身，"原来是脆脆呀。"

小龙虾爷爷终于停下了！小伙伴们仿佛看到了救星，纷纷挤眉弄眼地向脆脆发出求救信号。鬼灵精的脆脆也朝他们使了个眼色，然后恭恭敬敬地鞠了个89度的大躬："爷爷好！"

"嗯，脆脆好，脆脆好，你是来找小伙伴玩啊？"

"是呀，我找了他们好久，正想着不会是被我缠烦了，都躲着我吧？没想到是在这儿跟您学习打洞技巧啊。爷爷可不能偏心哦，我也要学！我也要学！"脆脆拉着小龙虾爷爷撒起娇来。

"哦嚯嚯，没问题，没问题。"小龙虾爷爷一听脆脆的软萌音，立马投降了。

几个小伙伴相视一笑，终于不用听小龙虾爷爷讲过去的事情啦。

大家跟着小龙虾爷爷来到一片泥壁跟前。

"这个打洞啊，还是不能用蛮力，最重要的是巧劲儿，"小龙虾爷爷接着刚才的话，"你们看，要是这样用力硬来啊，被挖掉的泥很快就会跑回来的。那不就是无用功了嘛，要有诀窍（qiào）的。"

说着，小龙虾爷爷用两只大螯足拨开面前的淤泥，然后大尾巴一弹，蹿进了泥壁里。只见他一边用螯足清掉面前的泥，一边用大铲（chǎn）子似的尾巴将堵在肚子下的泥扫向前面，再用爬足将泥土团成泥球送出洞外。没多久，两个虾身长的洞就挖好了。

"哇，爷爷好厉害！"脆脆见小龙虾爷爷出来了，赶紧拍爪叫好。小伙伴们见状，也都纷纷鼓起掌来。

"爷爷真棒！"

"爷爷的动作真敏捷，一点看不出这么大岁数了！"

"哇，还是第一次见到打得这么好的泥洞！"

"爷爷真是老当益壮呀！"

小辈们不绝于耳的赞美声，让小龙虾爷爷的脸上焕发出

四　跟楞半倒爷爷

熠（yì）熠的神采。

"哪里哪里，可比不上你们这些小年轻了呦，来，你们也试试，先在这里打一个身长的吧。"小龙虾爷爷指了指旁边的泥壁。

"好哒！好哒！"大家一听有的玩了，纷纷一字排开找好位置，摩拳擦掌跃跃欲试。

"要注意，不能用蛮力，遇见大的石子，就往边上松松，小心胳膊。"小龙虾爷爷见孩子们这么兴奋，既开心又怕他们伤着，赶紧小心地提醒道，"二愣子，说你呢，别硬拿头撞啊；还有你大块头，光用螯足不行，得全身配合；哎呀，小火箭……"

从来没玩过泥巴的卡拉塔，不知道是在虾妈妈肚子下憋得太久了，还是小龙虾的本能，一见到泥土竟浑身充满了力量。他干劲十足地铲挖着面前的泥土，天生的学霸属性，很快让他摸索出了打洞的技巧。

"爷爷，我打好了，您快来看看！"轻松完成任务的卡拉塔，率先从泥壁中探出了小脑袋。

"哦，这么快！我来看看哦。"小龙虾爷爷一边用触须探探洞内，一边点点头，"嗯，不错不错，你这小家伙还蛮有悟性的，看来明天可以在打洞大赛里进前十了！"

"打洞大赛？这么突然！是个什么比赛啊？"卡拉塔一头

雾水。

一听有好玩的，小伙伴们都探出了头，七嘴八舌议论起来。

"哎呀，刚才忘记告诉你了，我们之所以这么着急逼你出来，是因为听说明天会有打洞比赛，今年还破格让我们这些年纪小的也参赛哦。"小海绵伸长着脖子。

"是啊，还有奖励哦！"小龙虾爷爷卖起了关子。

一听说有奖励，小伙伴们都争先恐后地钻出来，缠着小龙虾爷爷撒开了娇。

脆脆轻手轻脚地替小龙虾爷爷敲起背来："爷爷，爷爷，到底有什么奖励啊？告诉我们吧！"

"对啊对啊，爷爷，告诉我们吧！拿到奖励的话，我们分你一份啊！"

"好好好，孩子们，别激动别激动，听我慢慢说。"小龙虾爷爷安抚道，"这个打洞大赛啊，会在明天举行，表现好的孩子呢，就可以去看十分壮观的炸腰花！"

"炸腰花？谁的腰花？油炸的吗？"馋唠唠睁大了眼睛，口水都要滴下来了。

"山神的腰花，长在彩霞下，云雾间，四周绿树环绕，还有山涧流过，我也是很久很久以前才见过那么一次。"小龙虾爷爷神秘地说。

四　跟楞半倒爷爷

山神的腰花，其实就是大山上的巨大岩石。

在云南有一座哀牢山，山高谷深，沟壑纵横。生活在那里的哈尼族人勤劳智慧，他们世世代代在高山上开垦梯田，创造出了"山有多高，水有多高"的世界奇观。2013年，哈尼梯田被列入了世界文化遗产名录。

可是，一千多年前的哈尼族先人的劳动工具必定十分简陋，当他们遇到绕不开的巨大岩石时，他们又是如何在崖石上克服千难万险挖沟造田的呢？聪明的哈尼族人想出了一个独特的办法，就是在岩石上堆上许多干柴，放火把石头烧红，然后用竹筒背来冷水浇上去炸开石头，这样就可以挖沟了。所以，哈尼族的古老歌谣里把这样的挖沟称作是"挖出了岩神的三朵肝花，挖出了山神的七朵腰花"。

哇，山神的腰花，长在那么美的地方，到底是什么呢？卡拉塔虽说是个吃货，小脑筋还是有一点的，他认定这山神的腰花，肯定不会是妈妈最拿手的那种喷香的葱爆腰花，那到底是长什么样的呢？看小龙虾爷爷说得神神叨叨的，说不定是一个很大很大的山菇？或者是一朵非常非常美丽的鲜花？

管它是什么，我一定要去亲眼看一看！卡拉塔捅捅嘀嘀嗒，闪了个小眼色。嘀嘀嗒马上心领神会地眨眨眼，他知道，卡拉塔这个好奇宝宝，一定不会错过这种热闹的。

"好了，小家伙们，早点回去休息吧，养足了精神明天好比赛。"见天色不早了，小龙虾爷爷赶紧解散了这帮小调皮，"你们都是我的学生，可别给我丢脸咯。"

夜晚，圆圆的月亮挂在天上，皎洁的月光洒遍了梯田的每个角落。耕种的人们早已入睡，可田间地头却一派热闹景象：树上的知了与趴在水田里的小青蛙一唱一和，对起了山歌；水黾趴在水面上，挥舞着轻盈纤长的四肢，为他们伴舞，引得水下的泥鳅和黄鳝也忍不住随着节奏扭起了身躯；树叶偶尔摇得沙沙作响，是风婆婆也来凑热闹了吗？

要在平时，卡拉塔一定也会凑上去一起玩了。可是现在，他有更重要的任务，他钻在泥洞里，拼命地练习着白天小龙虾爷爷教的技巧。

青蛙是大家非常熟悉和喜爱的小动物，它们体型小巧，没有脖子，但是四肢肌肉发达，前脚上有四个趾，后脚上有五个趾，还有蹼，因此擅长跳跃和游泳。

青蛙的头上长着一对萌萌的大眼睛，可以咕噜咕噜地转动，视力可棒了。在它们头上的两侧还有两个略微鼓着的小包包，那是它们的耳膜，青蛙可以通过耳膜听到声音。

青蛙的腹部是白色的，而背上却是绿色的，很光滑、很软，还有花纹，这可以使它们很好地隐藏在草丛中。它们的皮肤还可以帮助呼吸。

青蛙有一条长长的舌头，舌头上有黏液，这是它们用来捕食昆虫的绝佳武器。它们喜欢栖息在水边，以昆虫和其他无脊椎动物为主食，因此是消灭森林和农田害虫的能手。

青蛙是声音美妙的歌唱家，它的嘴边有个鼓鼓囊囊的东西，能发出声音，因此会发出呱呱呱的叫声。但是这个气囊，是只有雄蛙才有的。

青蛙是典型的两栖动物，一般产卵于水中，孵化后就成了带尾巴的蝌蚪，用鳃呼吸；经过变态之后，才变成没有尾巴的青蛙，主要依靠肺呼吸，但多数皮肤也有呼吸功能。

　　练累了，他就靠在泥壁旁，想象着赢得比赛之后的场景：大家里三层外三层地围着他，一边说着祝贺的话，一边投来羡慕的目光。不过，他最希望得到的，不仅仅是荣誉、掌声和奖励，还有出去玩的机会。来梯田这么久了，他还没游出水面好好地透透气，看看风景，尝尝美味呢。但是明天，这些好事一下子就都能实现了。想到这里，卡拉塔情不自禁地笑出了声。

　　直到躺下歇息，卡拉塔的嘴里还念念有词地温习着打洞的技巧。

　　"快点睡啦，明天还要早起呢。"嘀嘀嗒推推卡拉塔，说完翻身睡去。

　　卡拉塔赶紧捂住小嘴，心里的练习却并没停下。这场比赛，他志在必得！

五　柳暗花明

　　太阳已经高高地挂在了山顶，演奏了一个通宵的小动物们，已静静地趴在田间熟睡；倒是美美地休息了一晚的小鸟们，神气活现地跳跃在树枝上交头接耳，叽叽喳喳地议论着今天一早就开始的小龙虾打洞赛事。

　　"去看炸腰花喽！"精神抖擞的小龙虾爷爷，身后跟着好多获胜的小龙虾，欢欢喜喜地朝着上面的梯田爬去。

　　卡拉塔却只能气鼓鼓地坐在地上，两只红红的眼睛瞪得老大，望着远去的队伍，泪水不停地在眼眶里打转。

　　小龙虾队伍里探出几个脑袋，朝着卡拉塔摇摇头，细碎的惋惜声、议论声在水波中变得一片模糊，却让人感觉更加心烦。卡拉塔倔强地把头扭到一边，偷抹了两把眼泪，努力地紧闭着嘴巴，生怕别人看见自己狼狈的样子。

　　嘀嘀嗒小心翼翼地坐在他身旁，不知是该批评他，还是安慰他。

　　折腾了一上午，小龙虾走的走，散的散，四周一下子又恢复到了往常的宁静。静得那么可怕，似乎连田里的水都凝固住了。

"卡拉塔……"嘀嘀嗒弱弱地开口，想打破这种尴尬的气氛，可一看到卡拉塔快要憋紫的脸，又生生地把话收了回去。两只本该活蹦乱跳的小龙虾，此刻竟像两尊小石雕，一动不动。

这时，一只肤色深红的小龙虾挪着胖胖的身子，缓缓地游了过来，声音和蔼地问道："这是怎么了？男子汉啊，怎么哭了？来，有什么事情，和奶奶说。"

原来是小龙虾奶奶啊！卡拉塔抬头看见小龙虾奶奶温柔慈祥的脸，羞愧和委屈霎时一齐涌上心头，他哇的一声，扑进小龙虾奶奶的怀里大声痛哭起来。

"好孩子，怎么啦？有什么委屈和奶奶说，奶奶替你做主！"小龙虾奶奶揉着卡拉塔的头，心疼地问道。

卡拉塔扯了扯嘀嘀嗒，嘀嘀嗒知道他不好意思自己说！于是清了清嗓子，一五一十地把事情的前因后果告诉了小龙虾奶奶。

原来，昨晚拼命练习的卡拉塔用力过度，一直练到两个鳌足都快抬不起来了才躺下睡觉，弄得嘀嘀嗒也跟着无法入睡。可这小小的年纪哪经得起这么折腾啊。睡眠不足加上体力消耗过大，结果两人一觉都睡过了头，等他们醒来的时候，太阳都晒屁股了，其他的小龙虾早已开始比赛，都快打了一半的洞了。

"哦，那是没参加上比赛吗？"小龙虾奶奶感觉有点惋惜。

"唉，要只是这样，也就算了。"嘀嘀嗒叹了口气，"后来啊，裁判叔叔特别开恩，也让他比赛了。但是卡拉塔迟到太久了，一心急，就用了蛮力，坚持了没多久就开始力不从心。加上睡得太晚，脑袋糊里糊涂的，刚巧他打洞的地方后面有别人的洞，他也没及时发现，还以为这里的泥特别松，就晕晕乎乎一直打进去了。但裁判叔叔是行家，一眼就发现了问题。

"卡拉塔！你想糊弄谁呢？我可是行家！"嘀嘀嗒模仿着裁判叔叔的语气，向小龙虾奶奶喊道，"一看你打的这个洞，就是滥竽充数的，想拿别人的洞补长度啊？你以为我会看不出来吗？我们打洞是为了保护自己，你看看你这个洞，周围又松又歪，就是个坏洞。什么样的虾打什么样的洞！看看你的洞，就知道你骨子里有多歪！小小年纪就学会弄虚作假，以后肯定要被别的动物吃掉！说不定啊，还会连累到别人。你，取消比赛资格！"

"哦，原来你叫卡拉塔呀，多好的名字！卡拉塔，奶奶明白是怎么回事了，那个裁判叔叔说话是有点重了。孩子啊，你肯定也不知道那里有别的洞是吧？"

"是啊！"卡拉塔泪眼汪汪地用力点头，"我，我要是知道，知道那里有洞，打死，打死我，我也，不选，那里……"

看到卡拉塔啜泣成这样，小龙虾奶奶更心疼了，她摸摸卡拉塔，安慰道："好孩子，奶奶知道你不是故意的，但裁判叔叔也是为你们着急啊，你们现在还小，还没在虾群以外的地方蜕过皮，是吧？"

"嗯，都是在妈妈肚子下蜕的皮。"卡拉塔吸吸鼻子，"第一次蜕皮的时候，还，还把我给，吓，吓着了，疼了好半天，我还以为，以为自己得了什么皮肤病。"

"是呀，我们蜕皮的时候最脆弱，外壳会变得很软，你想，这时候如果洞塌了，或者我们不小心把洞打到了黄鳝啊、水蛇的洞里，那不是闯大祸了嘛！"小龙虾奶奶耐心地解释着。

原来，洞的坚固和安全，对于小龙虾来说这么重要啊。卡拉塔悄悄地擦干了眼泪，懂事地说，"那是应该重视的，是我不对。可是，我真的真的不想弄虚作假，而且我可以打好洞的！"

"好孩子，奶奶相信你，知道你不是故意的。"

"谢谢奶奶，奶奶您真好！"卡拉塔吞吞吐吐地，不知道该不该说出自己的小心思，"不过……"

"嗯？不过什么？"小龙虾奶奶见卡拉塔犹犹豫豫，知道这孩子心里肯定还揣着事情。

"奶奶，您知道山神的腰花在哪里吗？我们都好想去看看。"见卡拉塔欲言又止，嘀嘀嗒知道他一定是觉得自己犯了错不好意思说，所以忍不住插了一句嘴。

"哦曜曜，是这样啊。"小龙虾奶奶笑眯眯地看着卡拉塔，"好孩子，不哭了。多大点事呀，这个东西，奶奶知道在哪里。"

"真的吗？奶奶你知道在哪里？"卡拉塔心中燃起了希望。

"当然了，奶奶我活了这么大年纪，怎么会没见过这个啊？奶奶骗你又没有糖吃！"小龙虾奶奶笑道。

"那，您可以带我们去吗？"卡拉塔破涕为笑。

"你要答应奶奶，做个男子汉，不要再哭鼻子了。"小龙虾奶奶慈爱地刮了下卡拉塔的小脸。

"我答应您，今后再也不哭了，我发誓！"卡拉塔举起小鳌足，信誓旦旦地说。

"哈哈哈……"看到卡拉塔挺起胸膛煞（shà）有介事的样子，嘀嘀嗒和小龙虾奶奶不约而同地笑了起来。

"那你们准备准备，我们一会儿就出发吧。"小龙虾奶奶看到这孩子一会儿哭一会儿笑，甚是可爱，不由心生喜欢，就爽快地答应了卡拉塔的请求。

六 田间小百科

小龙虾奶奶在前面带路，卡拉塔和嘀嘀嗒兴奋地跟在后面跑。尤其是卡拉塔，终于可以出水面透透气了，好开心呀！一路上，他时快时慢，游前游后，一会儿去追秋老虎留下的小蝌

豆饼是从大豆榨油后所得的油饼，可用作饲料、肥料，其营养价值高于任何一种饼类饲料。

豆饼营养虽好，但在作饲料时，也还须科学合理使用。各种畜禽都非常喜欢吃豆饼，但用量不能过多，否则将使脂肪变软，影响肉、奶的品质。因为豆粕中含有一些有害物质，这些有害物质大都不耐热，因此不能给畜禽喂生豆饼，一定要加热烧熟后才能喂。另外，已发生霉变的豆饼也不能饲喂，以防中毒。

蚪，一会儿尝尝小龙虾奶奶选的稻谷，还有人们不经意遗落在田间的**豆饼**，快乐得完全不像之前那个爱哭鼻子的小宝宝。

太阳已经不像夏天那般热辣，暖暖地洒落在粼粼的水面上，泛起一片金光。跑在前头的卡拉塔爬上泥壁的边缘，小心翼翼地把头探出水面，有些许微风拂过，凉凉的、痒痒的，好惬意呀！卡拉塔耸耸鼻子，又把头缩回了水中。

虽然只是短暂的几秒，但能够体会不同的环境，还是让卡拉塔分外激动。他愈发地开心，小尾巴一使劲儿，弹出老远老远。

"卡，卡拉塔，你慢点，当心别磕着。"小龙虾奶奶在后面喘着气感叹道，"到底是年轻，我这个老婆子，老胳膊老腿，是比不上咯。"

看着上气不接下气的小龙虾奶奶，嘀嘀嗒赶紧上前扶着她："才不会呢，奶奶您才不显老呢。卡拉塔正在兴头上，咱们不管他。我陪您慢慢走，他一会儿找不到路就会折回来了。"

"好好好，你乖你乖，那我们就慢慢走。"小龙虾奶奶慈爱地看看在前面活蹦乱跳的卡拉塔，稍稍放慢了步子。

小龙虾奶奶又转脸看看身边这个乖巧的嘀嘀嗒，不由地感叹："同样的年纪，你还真是懂事多了。呦，你看，奶奶都还不知道你叫什么名字呢。"

"嘀嘀嗒，嘀嘀嗒，你快来看呐，好大的田螺！"还没等嘀嘀嗒回答，发现新玩意儿的卡拉塔就已兴奋地大喊着他的名字。

"原来你叫嘀嘀嗒啊，还真是个可爱的名字，你和名字一样惹人喜欢呢。"

"嘻嘻，谢谢奶奶。"被小龙虾奶奶这么一夸，嘀嘀嗒顿时害羞起来，"对了，卡拉塔好像发现了什么好玩的，我们一起去瞧瞧吧。"

卡拉塔饶有兴致地蹲在一颗很大的螺前仔细观察着：这螺比平时吃的螺蛳要大多了，螺尾尖尖的，向右旋，有四五个螺层。他以为自己发现了一只年龄特别大的螺蛳精，于是充满好奇地这里看看，那里碰碰，还不时用触足戳戳螺与泥壁之间的缝隙。

福寿螺的外观与田螺非常相似，但形状、颜色和大小都有差异。福寿螺的外壳颜色一般比田螺浅，呈黄褐色，而田螺则为青褐色；田螺的椎尾长而尖，福寿螺椎尾则平而短促；田螺的螺盖形状比较圆，福寿螺的螺盖则偏扁。

和田螺一样，福寿螺也可以拿来食用，但肉质比较粗糙，味道没有田螺好。而且，食用福寿螺时一定要注意彻底加热，否则螺内的寄生虫就可能会侵入人体造成感染，引起头痛、发热、颈部僵硬等症状，严重者还会导致痴呆，甚至死亡。

福寿螺是一种外来生物，原产于南美洲亚马孙河流域。1981年作为食用螺引入中国，因其适应性强，繁殖迅速，成为危害巨大的外来入侵物种。福寿螺个体大、食性广，喜欢咬食水稻等农作植物，是名副其实的水稻杀手。

福寿螺通常在水线以上的固体物表面产下粉红色的卵块，非常容易辨认。

"谁呀，这么讨厌，打扰我睡午觉！"那颗大螺被卡拉塔吵得不耐烦，钻出了黄褐色的螺壳，伸了个大大的懒腰。

"对不起，对不起，田螺姐姐，我不是故意的。"卡拉塔被吓了一跳，不过经历了之前的事情，他变得勇敢了许多，不再一惊一乍地往后缩，而是淡定地回答道。

"谁是田螺啦，你侮辱谁呢！睁开眼睛看清楚了，老娘是福寿螺！聒噪（guō zào）的家伙。"那颗大螺没好气地说。

"福寿螺？哈哈哈，那也是田螺的亲戚吧！"卡拉塔从没有听过这名字，只是隐约感觉大致也是螺的一种吧。

"啊，对不起！小孩子不懂事，打扰了，您接着休息。"随

六　田间小百科

即赶到的小龙虾奶奶，急急地给福寿螺道了个歉，拉起卡拉塔就往回走。

"哎，别走呀，我还没聊完呢……"卡拉塔聊兴正浓，被这样一把拽走，心里还有些不乐意呢。

小龙虾奶奶却不管卡拉塔的挣扎，把他拉出了老远的地方：

"以后啊，可别乱说话了，这福寿螺可不是好惹的！"

"我没有乱说话呀，奶奶，刚才我很有礼貌的，我还叫了她姐姐呢。"被没头没脑地一顿教训，卡拉塔觉得挺委屈的。

"你还没乱说话？刚才你是不是叫人家田螺来着？还说他们是亲戚？"小龙虾奶奶问。

"是呀，这有什么好生气的？"卡拉塔不解。

"他们福寿螺呀，最嫌弃田螺胆小软弱，常常被别的动物捉去当食物了。"小龙虾奶奶解释道，"所以你说她和田螺是亲戚，甚至还把她错认作田螺，她是最恼火的。"

"这样啊，可这福寿螺和田螺明明长得一模一样，都有大大个的螺壳嘛，我搞混也不奇怪吧！"卡拉塔还是不知道自己错在哪里，继续理直气壮地争辩。

"你这是在用什么语气在和奶奶说话！"嘀嘀嗒见卡拉塔一点觉悟都没有，忍不住上前道，"田螺的壳是黛青色的，你再想想，你刚才看见的福寿螺又是什么颜色的？"

"哦，好像是有点不一样，福寿螺的壳有一点点偏黄褐色。"

"是吧！福寿螺的壳不仅偏黄而且薄，还有，田螺的椎（zhuī）尾又长又尖，福寿螺椎尾则又短又平；田螺的螺盖形状比较圆，福寿螺螺盖则偏扁……"嘀嘀嗒耐心地说道，"还记得我之前说过的界门纲目科属种吗？虽然他们同属腹足纲中腹足目，但福寿螺属于瓶螺科，而田螺属于田螺科，所以是不一样的，我这样说你明白了吗？"

"哇，这么细致呀？那既然同属一纲一目，我说他们是亲戚也没错吧？"卡拉塔嘟着嘴，继续强词夺理道。

"没错是没错，但福寿螺的蛮横性子，跟性情温和的田螺是天差地别的。他们常常和我们抢稻穗吃，尤其是刚长壮的秧苗，又香又甜，只要被福寿螺看到了，肯定就霸着不走了。你要跟她争吧，人家就躲进坚硬的壳里，你根本耗不过她。"小龙虾奶

六　田间小百科

奶说起来就不住地叹气。

"这么坏呀，那奶奶您刚刚干吗还给她道歉啊！"卡拉塔一听福寿螺是这么不讲道理的动物，自己还那样巴巴地凑上去，气就不打一处来。

"多一事不如少一事嘛，再说了，我们还要赶路呢，去晚了可就看不着炸腰花咯。"小龙虾奶奶逗着卡拉塔。

"啊！那是要抓紧了。咱们大虾不和她小螺斗，就放她一马吧！"说完，卡拉塔就昂首阔步地朝前游去。

这搞笑的模样引得小龙虾奶奶和嘀嘀嗒忍不住在后面偷笑。

"你们笑什么？"卡拉塔隐约听到了背后的笑声，回过头把眼睛睁得圆圆的。

"哈哈哈，没，没什么。"嘀嘀嗒实在忍不住，又放声大笑了几下。

"我知道你们在笑我，哼，刚才那是个小失误，我会让你们看到我的学霸本色的！"卡拉塔不服气地昂起脑袋。

"好啊好啊，那我拭目以待。"嘀嘀嗒装模作样地摇摇脑瓜。

"你！"

"好了好了，刚才已经耽误了不少时间，我们还是抓紧赶路吧！"小龙虾奶奶见两个小家伙又要开始吵嘴，赶紧把话题岔开了。

"哦，对了奶奶，这'山神的腰花'到底在哪儿啊？我们还要走多久呀？"

"还远着哩，起码还要爬过几十个台田。"小龙虾奶奶伸出螯足朝上指了指。

嘀嘀嗒和卡拉塔抬起头，顺着小龙虾奶奶指的方向望去，不约而同地发出一声感叹："呜哇——，好高啊！"

"是呀，所以你这个小家伙，可不能再三心二意了，要不然就只能看到'腰花'碎碎喽。"小龙虾奶奶点点卡拉塔的鼻子，佯装生气道。

"好哒，遵命！"卡拉塔一本正经地向小龙虾奶奶敬礼保证。

卡拉塔可是说到做到的。这一路上尽管新鲜玩意儿还有很多，他都没再乱跑，而是专心一意地跟在小龙虾奶奶身边赶路。

小龙虾奶奶其实也没闲着，一路上她给卡拉塔和嘀嘀讲了不少有趣的事情。

　　旋额虫是一种非常古老而神秘的水生节肢动物，因其生命周期较短，对生存环境的要求又十分苛刻，因此在地球上活体非常罕见。

　　旋额虫的长相也十分奇特，它们的身体上半部分呈透明的白色，下半身则呈鲜艳的橘红色，几乎可以看到内脏的结构，连肠道也清晰可见。旋额虫的头部双眼比较突出，头顶长有一对触角。它们胸部有11对泳足，看上去很像是长在身体下的长须。尾叉分开为两支，长有纤毛，整体形状似虾非虾，仰面游动。

　　旋额虫的雌雄个体差异明显，可以很容易分辨出来。通常雄性个体稍大一些，嘴部的第一大腭为钳状；而雌性个体稍小，嘴部的第一大腭为扇状。

六　田间小百科

"孩子们，你们知道吗？听说我们这里啊，有一种稀奇的小虫子，是倒着游的喔！"小龙虾奶奶笑眯眯地看着两个小年轻瞪大的眼睛。

"哦，我知道我知道，是不是一种上半身白色，下半身橘黄色的透明小虾？好像是叫旋额虫的！"急于挽回面子的卡拉塔果然超常发挥。

"咦，你怎么会知道的？我都还没亲眼见过哩，只是听蚂蟥（huáng）老弟说起过。你还这么小，怎么会知道旋额虫这个名字的？"小龙虾奶奶惊讶地张大了嘴巴。

这下尴尬了，卡拉塔总不能告诉小龙虾奶奶，这是他在网上搜索到的百科知识里看到的吧？那样就更无法解释自己的身份了。

嘀嘀嗒见卡拉塔表情极不自然地愣在那里，明显是心虚了，蚂蟥又叫水蛭，是河流稻田中比较常见的一类高度特化的环节动物，雌雄同体。多数生活于温湿地区的淡水中，蚂蟥一般背腹扁平，前端较窄，全体呈叶片状或蠕虫状。体形可随伸缩的程度或取食的多少而改变。体分节，前、后端的体节演变成吸盘。蚂蟥以吸取脊椎动物或无脊椎动物的血液为生，属于体外寄生虫。

这种嗜血动物会不知不觉地爬上你的腿部，悄悄吸饱了血之后自行掉下来，当你发现腿上血流不止时，它已没了踪影。

当它吸附于皮肤时，千万别强行拉扯，否则蚂蟥吸盘会断在皮肤里，有可能引起感染。正确的做法是，在蚂蟥吸附的周围用手轻拍，或用盐、醋、酒、清凉油等涂抹，蚂蟥就会自然脱出。伤口处可涂碘酒消炎，以预防感染。

仙女虾是与旋额虫外形非常相似的一类节肢动物，学名"枝额虫"。其外形优美，色彩绚丽，长得像虾，肚子朝上游水，因此被称为"仙女虾"。

仙女虾在全世界很多地方均有分布，是与恐龙同时代的古老生物，已在地球上存在超过两亿年，具有极强的生存能力。在干涸的湖底，它们可以忍受几年的高温烘烤或冰冻土壤的考验，而仙女虾的卵更是可以存活上千万年，一旦遇到丰富的降雨，它们的卵就可以孵化出壳，获得新生。

有人进行过实验，用100℃的沸水来煮仙女虾的卵，结果当水冷下来后，奇迹就发生了，虾卵竟仍然孵化出来了。所以仙女虾是世界上已知唯一可以抵挡沸水蒸煮的生物，堪称是生物界的奇迹。

便赶紧转移虾奶奶的注意力："倒着游的虫子？奶奶你说的应该是仙女虾吧？这可是活化石啊，听说是和恐龙一个时代的，他们的卵可以经受特别极端温度的考验呢。"

"仙女虾啊？哈哈，倒是跟旋额虫很像，不过不一样的。"小龙虾奶奶乐呵呵地转向了嘀嘀嗒，"这些你都知道啊？真聪明，简直像个田间小百科！"

倒也奇怪，卡拉塔说些什么有知识含量的话，小龙虾奶奶就心生怀疑；而嘀嘀嗒不论说出多么冷僻（pì）的知识，小龙虾奶奶都觉得挺正常。

"田间小百科，小百科，嗯，这个名字很贴切。"卡拉塔打趣着说。

"是吧，奶奶虽然老了，眼睛可还是雪亮的。"小龙虾奶奶很自豪小年轻赞同自己的想法。

突然，山顶传来"轰隆"一声巨响，泥地骤然间剧烈地震动起来，晃得卡拉塔一阵头晕。

"我的天哪！这是怎么了？"

"孩子们不要怕，这是人们在为明天一大早的'炸腰花'做试验呢。"小龙虾奶奶紧紧地把两个孩子拽在身边，"我们抓紧赶路吧，千万别错过了明早的好戏！"

就完，他们继续往山上的台田攀登。

七　智斗斑鳢（lǐ）

天色渐渐暗了下来，白天七彩的梯田慢慢变成了一片墨色。知了又唱起了奏鸣曲；水蚤蹦蹦跳跳地在水面和孑孓（jié jué）玩着躲猫猫；雄蠓（méng）一丛丛地聚在小树旁，焦躁地等待着雌蠓的光临。

"今晚，我们就在这里歇息吧！"小龙虾奶奶嘱咐道，"你们两个打好自己的洞，一定要牢固点。看样子啊，你们今晚又要蜕皮了，有什么需要帮忙的，就告诉奶奶啊。"

"好的！"嘀嘀嗒和卡拉塔挥起小螯，开始准备晚上的栖身

水蚤又称红虫、鱼虫，是一种体积非常小的水生节肢动物。它们的体长大约只有2毫米，呈浅肉红色，身体分为头部和躯干部，身上有背甲，躯干部分长有5对胸肢，有趣的是这些足肢不仅是水蚤的运动器官，还是它们的呼吸器官。

水蚤的繁殖方式也很奇特，春夏季节，雌水蚤会产很细小的"夏卵"，这些夏卵可以直接孵化成雌水蚤成虫，因此在短时间内能够大量繁殖，使水中呈现一片红色。秋季的时候，由夏卵孵化出一部分体小的雄虫，开始进行两性生殖，产生个头较大的受精"冬卵"，这些冬卵可越冬到第二年再孵化为雌性的成虫。

水蚤生活在淡水中，其营养丰富、容易消化，是鱼苗、鱼种的理想饵料。

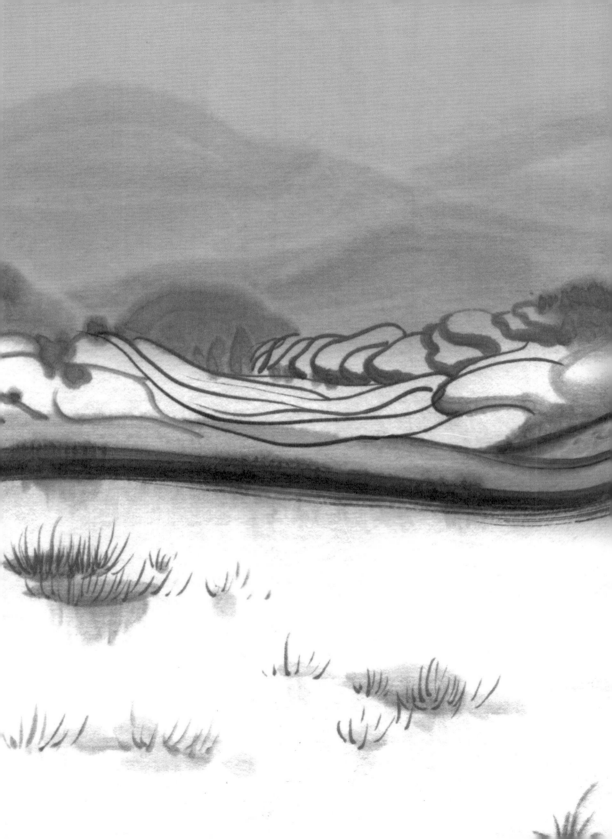

之所。

　　虽然累了一天了，但卡拉塔牢记着小龙虾奶奶的教诲，对今晚的住所一丝一毫都不敢懈怠（xiè dài）。他仔细地选了一块比较扎实的泥壁，埋头苦干起来。

　　眼看泥洞即将大功告成，突然，远处的水草沙沙作响，碧绿的茎叶剧烈抖动起来，水面上的水蚤和孑孓慌慌张张地四下逃散。

　　不一会儿，几只半黑半透明的小动物从水草的深处耀武扬威地游出来。这些小动物长得很像巨型蝌蚪，小小的尾巴，大大

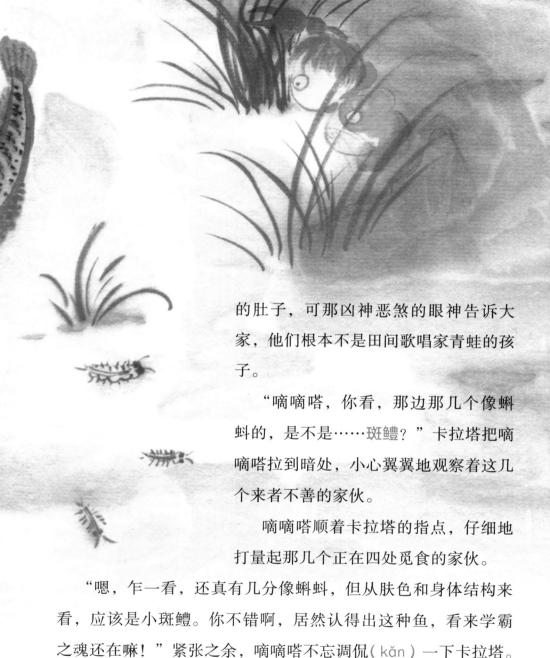

的肚子，可那凶神恶煞的眼神告诉大家，他们根本不是田间歌唱家青蛙的孩子。

"嘀嘀嗒，你看，那边那几个像蝌蚪的，是不是……斑鳢？"卡拉塔把嘀嘀嗒拉到暗处，小心翼翼地观察着这几个来者不善的家伙。

嘀嘀嗒顺着卡拉塔的指点，仔细地打量起那几个正在四处觅食的家伙。

"嗯，乍一看，还真有几分像蝌蚪，但从肤色和身体结构来看，应该是小斑鳢。你不错啊，居然认得出这种鱼，看来学霸之魂还在嘛！"紧张之余，嘀嘀嗒不忘调侃（kǎn）一下卡拉塔。

"别开玩笑了，你看他们，不像是简单出来荡荡的。"卡拉塔浑身紧绷着不敢动弹，直觉告诉他，这些家伙不是善茬。

卡拉塔的担心是对的，这几个小东西虽然身长才只有几厘米，但眼睛里满是贪婪。一只水蚤还在张望着孑孓的去向呢，

孑孓就是蚊子的幼虫，是蚊子由卵成长为蛹的中间阶段，是蚊子的卵在水中孵化而成的。

孑孓身体细长，呈深褐色，在水中上下垂直游动。相对头部或腹部而言，它们的胸部较为宽大，游泳时身体一屈一伸，就像在水中翻跟斗一样，所以俗称跟头虫。

孑孓一般生活在死水之中，以水中的细菌和单细胞藻类为食。平时它们总是潜在水中，呼吸时会浮上水面，让身体与水面平行。一旦受惊，则会马上潜入水底。

孑孓要经过4次蜕皮后才能发育成蛹，初期蛹仍可活动，但不再进食。快要羽化的时候则基本不动，而后羽化为蚊子，嗡嗡嗡地到处乱飞。

斑鳢是黑鱼的近亲属。它的体形近圆筒状，尾柄粗短；头比较长，吻很短，略平扁；嘴巴很大，下颌突出，颌上长满尖利的牙齿；头上和身上都长满了鱼鳞，全身布满了大小不规则的黑斑；身体两边有两条侧线，在体前断折；胸鳍和尾鳍圆，腹鳍小，背鳍和臀鳍的基部比较长。

斑鳢通常栖于江河、湖塘或沟渠，喜欢生活在泥底的水草丛中。它们适应能力强，性情凶猛，以捕食鱼虾、蝌蚪、水生昆虫及其他水生动物为食。每年的春夏季节，斑鳢开始筑巢产卵，鱼妈妈都是非常尽责的母亲，会全心全意地守在巢外看护好自己的孩子。

斑鳢肉多，肥美，细刺少，而且富含营养，所以在南方的许多地方，都被当作上等的滋补品。

蜕皮指的是节肢动物及部分爬虫类在生长过程中，会产生一次或多次脱去外皮的现象。

为什么小龙虾在生长过程中要蜕皮呢？这是因为它的表皮细胞分泌的外骨骼一经硬化后，就不能继续扩大，从而使身体生长受到限制。这时，它的表皮细胞就会分泌一种酶，使外壳溶解破裂，小龙虾幼体就可以从外壳中钻出来，并且由表皮细胞重新分泌外骨骼，这就是蜕皮的过程。在新的外壳完全硬化之前，它的身体可以继续长大。所以，小龙虾发生蜕皮现象，就表示它开始长大了。

小龙虾蜕皮时容易被同类或天敌吃掉，因此要躲在水草丛等隐蔽的场所中进行。当它发育到不再继续长大时，蜕皮也就停止了。

一条斑鳢就一个蹿升，张口吞下了两只小孓孓。

这一切发生得实在太快了，快得让水蚤还没来得及反应，又被另外几只斑鳢拖入水中，瞬间就被小斑鳢们肢解瓜分了。在卡拉塔惊惧的眼光中，这帮捕猎者带着满脸得意的表情离开了。

但是残酷的捕猎并没有结束，贪婪的小斑鳢们只是尝完了前菜，游散开后，他们继续寻找着下一个猎物。

卡拉塔已吓得全身僵硬，虽然自己的体型与斑鳢旗鼓相当，但他觉得自己并没有孓孓的灵敏和水蚤的矫捷，加上小龙虾奶奶预感今晚他和嘀嘀嗒都将蜕皮，如此脆弱的状态下，卡拉塔是一点自信都提不起来啊。

"怎么办？怎么办！嘀嘀嗒，我们

要是被发现了，免不了就是一场恶战。小龙虾奶奶年事已高，恐怕还会受牵连。"卡拉塔悄声与嘀嘀嗒商量着。

"嗯，我们尽量躲在洞里，不要被发现了。就算要交手，也尽量得把战场拉远一些，不能惊着小龙虾奶奶。来，你接着打洞，我去找些水草来盖住洞口。"嘀嘀嗒仔细部署着，希望能渡过今晚的难关。

"好！"卡拉塔屏住呼吸，不敢再多说话。他知道，现在的时间十分宝贵，每一分每一秒，都是在争取生存的机会。他尽量把搬运淤泥的动静降到最小，一边小心地建筑堡垒，一边密切关注着斑鳢的动向。

斑鳢们的身影越来越远，趁着这个空当，嘀嘀嗒赶紧收了一把水草，轻手轻脚地铺在小龙虾奶奶周围，然后又和了些淤泥，做成了一道小屏障。累了一天的小龙虾奶奶已经睡去，她并不知道懂事的晚辈悄悄地为自己做了这么多。

另一边，卡拉塔已经把洞打得差不多了，他焦急地等待着嘀嘀嗒，感觉时间流逝得太缓慢了。

不知过了多久，仍不见嘀嘀嗒回来，卡拉塔终于耐不住性子了，他抄起一块小石子，朝水草丛边游去。

"咱们在附近寻摸了这么久，净是些小虫子烂水草的，都腻了！这小龙虾竟然自己送上门来，哈哈，哥几个可以尝尝鲜了！”一阵狂笑声忽然在不远处响起。

卡拉塔听见动静，赶紧在水草丛里找了个藏身的地方埋伏起来。

今天的夜晚不像前几晚那么晴朗，月亮被一团云笼罩着，透过稀薄的月色，卡拉塔依稀看见斑鳢们正团团围住一只小龙虾。斑鳢们都异常兴奋。

“完了！一定是嘀嘀嗒，他肯定是在搬水草的时候被抓住了。”卡拉塔来不及细想，就鼓足勇气往前冲了出去。

“闪开！你们都给我闪开！”卡拉塔挥舞着小钳子，咬牙冲进了包围圈。他什么也没看，抓住一只钳子就往外冲，“嘀嘀嗒，我们走！”

但卡拉塔一下就被那只钳子往后拽住了：“可是我们打不过他们的呀。”

咦，这脆生生的声音好耳熟，但绝不是嘀嘀嗒，好像是？没错，是脆脆！

“脆脆，你怎么在这里？嘀嘀嗒呢？”卡拉塔回头，发现自己拖出来的果然是脆脆。

“这——，这——，卡拉塔小心！”脆脆猛地拉过卡拉塔。

就在他们说话这工夫，斑鳢们已经回过神来，瞬间恢复了包围圈。

　　"大哥，你看，又来了一个送死的，看来今天我们不用再往别处费功夫了，嘿嘿。"一条斑鳢恶狠狠地瞪着卡拉塔，仿佛能用自己的眼神将他生吞活剥了。

　　"是啊，都不错，啧啧啧，先吃哪只好呢？"一条看似头目的独眼斑鳢，转着仅剩的一只眼睛，滴溜溜地看着卡拉塔和脆脆，像是在戏弄这两个到手的美味。

"这只小龙虾晶莹剔透的，看来是没蜕过几次皮，口感一定脆生生的！"另一只斑鳢死死地盯着脆脆，一副垂涎欲滴的样子。

"哎呀，这只大，这只大，肯定这只肉更紧实！"

"那只一定鲜嫩！"

"这只才有嚼劲！"

"这个块头大，肉多！"

"那个……"

斑鳢小喽啰们希望能多分到一些肉，就都争相给老大献计，不一会就起了争执。

"行了！别吵吵了！吵得我头疼。"斑鳢老大指着卡拉塔，喝令手下马上动手，"就先吃这只大的吧！"

"得嘞！"最靠近卡拉塔的一条斑鳢不怀好意地笑着，得瑟地游向卡拉塔。

"哎，哎，等等，等等！"卡拉塔急忙举起钳子做投降状，余光却瞟到了旁边的水草丛，忽然间，他的脸上堆起了厚厚的笑容，"斑鳢老大，你听我说！"

"怎么了，小子，临终还有遗言哪？说！"独眼斑鳢不耐烦地瞟了一眼卡拉塔。

"嗯嗯，谢谢。"卡拉塔不慌不忙地表示感谢，然后颇有几分噱头地说道，"您的弟兄为了吃我们的顺序争执不下，其实无非就是为了多吃点肉嘛！可吃得多不如吃得精啊，我们小龙虾的身上，每个部位的味道都是不同的。如果大家不好好分，一通乱抢，可不就浪费啦！我这儿倒有一计，不知老大可愿意听啊？"

斑鳢老大想，听听也无妨，反正这小东西也跑不了，于是往前挪了两步："说来听听。"

"老大您的兄弟这么多，是不是应该按照功劳来分配啊？这样才公平，您嘛，也能吃到最好的部位。"卡拉塔眯眼一笑。

"这还要你说？我当然知道，说重点！"独眼斑鳢对卡拉塔的磨叽很不满意。

"是是是，您当然是知道的。"卡拉塔故意点头哈腰，"我们平时活动最多的就是尾巴，所以尾部的味道是最鲜美的……"

"真的？"独眼斑鳢将信将疑。

"真的呀！您要是不信啊，喏，可以先派两个兄弟去尝尝那只小的。"卡拉塔朝脆脆努努嘴，更加凑近斑鳢老大，悄声说道，"不过，体形越小的说明锻炼越少，这味道嘛，您懂的。所以您就让他们远远地跑到水草那边去尝就好了……"

"好了好了，我知道了！"斑鳢老大脸上一片平静，内心却已打好了小算盘。他从容地游回鱼群，下起了命令。

不一会儿，鱼群就分成了两队，一群小个的斑鳢押着脆脆游向了一边的水草丛，只剩斑鳢老大和两条稍显强壮的留在了原地。

待鱼群散开了，卡拉塔又悄悄地凑近斑鳢老大，这独眼斑鳢还以为这小龙虾又要献上什么锦囊妙计呢，没想到卡拉塔一扬手，竟将藏在手里的小石子迅速地扔向他仅有的一只眼睛，然后猛地一弹，快速游向脆脆。

"啊，我的眼睛！"独眼斑鳢惨叫一声，两个手下赶紧围了过去，"老大，老大，你没事吧？"

"快去追呀！给我抓住那小子！"斑鳢老大捂着眼睛嗷嗷直叫。

这时在另一边的水草丛中，几只小个的斑鳢正要对脆脆下手，忽然，水底掀起一阵浑浊。

"快走！"混乱中，一只臂螯从草丛中伸了出来，一把拖起惊吓过度的脆脆，奋力地向水草外游去。

"嘀嘀嗒！我就知道，是你藏在草丛里！"随后追赶上来的卡拉塔，开心地抓住了嘀嘀嗒的另一只臂螯。

"嘘——"嘀嘀嗒抓着两个小伙伴，一个闪身躲进了之前挖

七 智斗斑鳢

好的泥洞中。

"呼——，终于安全了！"掩盖好洞口后，卡拉塔这才长舒了一口气。

"嘀嘀嗒，你太厉害了！"刚从惊吓中略微恢复了神志的脆脆，握紧嘀嘀嗒的爬足，谢起了恩人。

"嗨！要谢也该有我一份吧？要不是我足智多谋分开了鱼群，把你引到了嘀嘀嗒藏身的地方，我们哪有机会逃出来啊！"卡拉塔急了。

"是是是，有你一份功劳！大大的！"脆脆见卡拉塔那么认真，赶紧夸了他几句，"对了，你是怎么知道嘀嘀嗒藏在水草里的呢？"

"那还不简单，当然是凭咱俩的默契喽……"卡拉塔和嘀嘀嗒交换了一下眼神，暧昧不清地说道。

"不会吧，这么神？"脆脆一头雾水地看着他俩。

嘀嘀嗒却早已心领神会，他看到卡拉塔朝他胸前一望，便知道他一定是看到小银哨的反光了。

"就是这么神，嘻嘻。"卡拉塔骄傲地眯着眼，"不过脆脆，你为什么会在这儿？你不是跟着跟楞半倒爷爷去看山神的腰花了吗？"

"是呀。"精疲力竭的脆脆瘫倒在地，"我们在半路上遇到了

七 智斗斑鳢

好大的震动，整个山好像都在摇晃，我力气太小没抓住泥壁，就掉下来了……"

"那你怎么又会落到斑鳢手中的呢？"

"因为我当时刚蜕完皮，身上一点力气也没有，根本跑不动……"

"哦，那真是危险呀！"卡拉塔感叹完之后，兴奋点瞬间被脆脆的话题转移，"哎，你刚才说蜕皮，这是你第一次在野外独立蜕皮吧？是个什么感觉啊？"

"你说蜕皮啊，浑身又痒又疼，可难受了！"脆脆抬起头，眼里含着一丝愧疚。

"你又怎么了？"卡拉塔觉得脆脆的神态怪怪的，有些莫名其妙。

"没，没什么，我就是觉得不好意思。"脆脆说着，又低下了头，"刚才，要不是我刚蜕完皮没力气，也不会让你们陷入那样的危险了。"

"哎呀，这有什么呀！我是男子汉，遇到朋友有危险，当然要义不容辞地出手相救啦！"卡拉塔啪啪啪地拍起胸脯。

谁知这一拍，卡拉塔突然觉得胸口和背上一阵阵火辣辣地疼。

"啊！"疼痛难忍的卡拉塔忍不住叫喊起来。

"你怎么啦？怎么啦？"见卡拉塔这么痛苦，脆脆顿时手足无措，"嘀嘀嗒，嘀嘀嗒，卡拉塔这是怎么了？！"

嘀嘀嗒连忙过来扶起卡拉塔："卡拉塔，你怎么回事？"

"我也不知道，就是拍了一下胸，突然就觉得胸口和背脊又疼又痒，喘不过气来……"

"还有火辣辣的感觉，是不是？"脆脆在一旁插嘴。

"是啊，你怎么知道？"卡拉塔疼得直哆嗦。

"那就是要蜕皮了，这跟在虾妈妈保护下的蜕皮完全不一样的。"刚刚体会过这种痛楚的脆脆深有感悟，"不要抗拒这种感觉，你只要放松全身，一会儿就会有一层薄薄的壳脱落下来。"

"啊！"卡拉塔继续惨叫着，"可是我现在，已经疼到不能呼吸了……"

"没事的，再挺挺，马上就会过去的。"

果然，不一会儿，这种疼痛就开始慢慢消退，随之而来的，是一阵弥漫全身的清凉；同时，一层薄膜慢慢地从硬壳上浮起，与身体渐渐分离。卡拉塔奋力地向外挣脱，三下五除二就摆脱了那层透明的膜壳。

另一边，嘀嘀嗒也开始了蜕皮。他不像卡拉塔那样慌张，而是沉着地将薄膜从身体上一层层地剥落。

"哇，嘀嘀嗒，你好厉害啊！"脆脆和卡拉塔都投来崇拜的眼神。

"嘿嘿，这没什么呀，我们一生总共要蜕11次皮呢，这才哪儿到哪儿呀！"嘀嘀嗒不以为然地说。

"这么多次，哎呀，想想都鸡皮疙瘩掉一地。"卡拉塔似乎被这次数吓到了。

八　山神的腰花

　　一觉醒来，睡得饱饱的卡拉塔，感觉自己又变得强壮了一些。

　　"嘀嘀嗒，脆脆，你们有没有觉得我的臂螯好像大了一些，而且好像更加硬了！"卡拉塔兴奋地撞了撞自己的两个螯足。

　　"呵呵呵，瞧你开心的，有，当然有啦！"嘀嘀嗒看着卡拉塔咯咯地笑着。

　　"呦，什么事这么高兴，老远就听到你们的笑声了。"小龙虾奶奶拿来了满满一捧的食物，笑眯眯地来到孩子们面前。

　　"奶奶奶奶，您来啦。"卡拉塔纵身一跃，蹭到了小龙虾奶奶身边，"您看，我们是不是都变壮实啦！"

　　"嗯，是呢是呢，壳都变成了漂亮的正红色啦，昨天晚上一定吃了不少苦头吧？"小龙虾奶奶慈爱地摸了摸卡拉塔的头。

　　"是啊，昨晚好惊险，您都不知道……"卡拉塔话说到一半，就被嘀嘀嗒的一个眼色压了回去。

　　"惊险？发生了什么？你们怎么了？有没有伤着哪儿啊？"小龙虾奶奶一听，心提到了嗓子眼上。

"没什么没什么，他昨晚蜕皮的时候乱蹦，不小心撞到脑子啦。"嘀嘀嗒忙把卡拉塔拉回身边，把脆脆推了出去，"奶奶，脆脆昨天掉了队，她可以和我们一起吗？"

"哇，你这是在出卖队友啊。"跟跄着向前的脆脆，咬着牙回头嘀咕，躲在后面的卡拉塔和嘀嘀嗒捂着嘴，点点头，仿佛在说，加油，你可以敷衍过去的。

"嘿嘿，奶奶好！我是脆脆。"脆脆毕恭毕敬地弯腰问好。

"哦，叫脆脆呀，你好你好，怎么会掉队了呀？"小龙虾奶奶关切地问道。

"昨天呀，山上突然有好大的震动，我个子小，力气也小，一个没抓紧，就跌落下来了，幸好卡拉塔他们救了我，奶奶您就让我跟着你们走吧！"脆脆嬉皮笑脸地拉着小龙虾奶奶。

"好好，奶奶答应你。"小龙虾奶奶一边安慰着脆脆，一边埋怨起了跟楞半倒爷爷，"这个老头子，怎么几个小辈都照顾不好，真是让人不省心！"

脆脆乖巧地依偎（wēi）在小龙虾奶奶怀中，冲着嘀嘀嗒和卡拉塔得意地眨眨眼：搞定！

"你们才刚蜕了皮，得好好补充营养。来，这是奶奶给你们找的豆饼，抓紧吃了，吃完我们就要赶路了。"小龙虾奶奶把手中的食物递给了孩子们。

卡拉塔刚才光顾着说话，一接过食物，才发现胃里空空的，早就在抗议了。他迫不及待地张开小嘴，啊呜啊呜几口就吃完了。然后，立马就觉得精神了不少，身体也不像之前那么虚弱了。

"现在，既然你们已经成长为大孩子了，我们就不用傻办法赶路了，来！"小龙虾奶奶把大家领到一处泥土松软的地方，"之前那样一点点地爬，会绕很多的冤枉路。现在，我们直接穿泥洞，就会快多了。瞧，这里有个现成的洞。"

虽然打洞比赛时，利用别人留下的洞算是作弊的行为，但是像现在这样艰难的攀爬道路上，充分利用无处不在的洞洞，确实是个省时省力的捷径。

"哎哟，哎哟，"小龙虾奶奶一个没注意，一脚踩了个空，扶着腰呻吟起来，"一定是哪个不长心的傻瓜，打的洞怎么还弯弯曲曲的！"

"奶奶您没事吧？"嘀嘀嗒和脆脆搀着小龙虾奶奶，环顾四周，"这洞看着不像是单一的，倒像是由许多洞的淤泥坍塌连接而成的。"

"这样不行！"卡拉塔绕到小龙虾奶奶身边，"奶奶，我力气大，我来开路。嘀嘀嗒，你扶着奶奶慢慢走，脆脆你个子小，在中间跟着，大家千万别掉队了！"

不得不说，卡拉塔真是长大了，越来越有勇气和担当了。

八　山神的腰花

望着积极性如此高涨的卡拉塔，小龙虾奶奶想起了初遇时，他为了一点点挫折就哭鼻子的情景，不觉感叹道：娃娃长大的速度，还真是超出了自己的想象啊。她欣慰地撑起身子："好！那我们可就跟着你啦，小队长！"

　　"没问题！出发咯！"得到了小龙虾奶奶的支持，卡拉塔更

加卖力，更加用心了。

　　经过几番努力，他很快掌握了在泥层中穿梭（suō）的技巧，开路也不像之前那样费劲儿了。

　　很快，他们就顺利地抵达了山腰。

　　"好啦！快到了，大家先歇歇吧！"小龙虾奶奶拍拍卡拉塔

的背，称赞道，"孩子你很不错啊，很有毅力，比奶奶想象的要棒，要保持哦！"

"一定！一定！奶奶，你们在这儿歇口气，我去周围看看。"

"好，去吧，注意安全啊！"小龙虾奶奶嘱咐道。

辛苦了这么久，终于能钻出暗无天日的淤泥啦。

卡拉塔爬上田沿，大口大口地呼吸着新鲜的空气。真舒服啊，空气中带着丝丝凉气，但坚硬的外壳让他感觉不到寒冷。他用水洗了洗眼睛，朝外面的景色望去。

哇喔！原来梯田真的是如此壮观、如此美丽，跟仙境一模一样呀！

道道金色的阳光，呈逆光之势，穿过薄纱似的云雾，零碎而又温柔地铺洒在层层透亮的梯田之上；远处大片未开垦的群山只露出尖尖的山顶；山脚下星星点点地散落在山坡上的农舍寨群，就像一只只四四方方的小甲虫，显得如此娇小可爱。

"卡拉塔，走吧，奶奶说再走走就到啦！"嘀嘀嗒在底下用臂螯做着小喇叭状高声喊道。

"知——道——啦——"卡拉塔小小的声音，竟在群山间回荡起来，而且越飘越远，回音不绝，真是不得不折服于大自然的神奇啊！

卡拉塔此时的内心，竟然萌生出一丝后退之心。这绝不是因为害怕，走到这里，他已经不再是那个曾被吓破胆的小宝宝了，而是面对大自然所产生的敬畏之心，让他有些不忍去看"炸腰花"这样破坏大自然的事情。因为他已经从小龙虾奶奶的描述中明白了，所谓"山神的腰花"，其实就是长在半山腰上的巨大岩石，而人类为了要开山造田、引渠灌溉，就不得不把这些岩石炸毁，这就是所谓的"炸腰花"。

曾经那么期待看到"炸腰花"的卡拉塔，现在的想法已经改变了，无论是动物、植物还是一块岩石，他都不希望遭到人为的破坏。

"你愣着干吗呀？快走吧，奶奶等着呢。"脆脆爬上来催促道。

"好吧，我就来。"卡拉塔内心充满了矛盾，但最终还是打消了后退的念头。

"唉，就当是去保护奶奶和脆脆她们吧。"卡拉塔自我安慰道。

他跳下田埂，跟着脆脆走向了一个山洞。神奇的是这山洞虽然并不长，但当他们穿出山洞，却已经来到了大山的背面。

这里是一片荒凉的山地，显然还未经过人类的开发，许多地方还是坑坑洼洼的，完全不像之前看到的梯田那般规整。

"你们来啦！快，马上就要开始炸腰花了！"嘀嘀嗒见卡拉塔慢悠悠的，赶紧把他拉进身边的草丛里，"在那儿呢，朝上看！"

卡拉塔朝着嘀嘀嗒指点的方向望去，只见对面的荒山上，一块巨石下燃烧着熊熊大火，被烤得通红的巨石边，有一些用竹子搭成的架子，上面架着许多细细长长的水管。山脚下，密密麻麻地站满了引颈观望的人群。

"浇！"

不知哪来的一声吼，声音还在山间回响着，石头旁的竹架中，立即喷出一道小水流。哧啦啦——哧啦啦——冰凉的山泉淌过巨石的表面，巨石霎时冒起一股股白烟。

咔——咔——咔——通红的巨石开始裂出几条缝隙，而底下的火焰却丝毫没有停歇。

"倒！"

又是一声狂吼，刚刚还是从竹管底部流出的淙淙细流，瞬间变成了一道道水柱，对着巨石倾泻而下，直灌巨石中心。不一会儿，巨石裂出了更深的痕迹。

"继续倒！"

轰隆隆——山泉仍在浇灌，迸发出一阵巨响的山石终于开始彻底崩裂，紧随而来的强烈震动，使得周围的土地瞬间松动崩塌。哗啦啦——巨石迸裂出来的一块块碎石，纷纷砸向山下。石块撞击着山体，掀起一片片尘土，有的灌木被彻底压垮，有的大树被连根带起。

在剧烈的地动山摇中，卡拉塔头晕目眩，浑身颤抖，也许是之前开路时用力过猛，现在的他感觉到力气渐渐被震动的山体抽去，紧攥着草丛的爬足也不受控制地松开了。

"千万别松手！"小龙虾奶奶大吼。

"啊——"个子最小的脆脆首先被震得跌出了草丛。

小龙虾奶奶见状，赶紧扑过去护住脆脆，等她回过头时，体力不支的卡拉塔也已被狠狠地甩出了山体。

"卡拉塔！"嘀嘀嗒飞身出去营救，但卡拉塔实在被甩得太远了，嘀嘀嗒虽然尽最大的努力抓住了卡拉塔，但自己却够不到救命的草丛了。

在可怕的飞速下坠中，两个小小的男子汉紧紧地闭上了双眼。

嘀嘀嗒已经记不清自己是如何接触到地面的了，只感觉再度清醒时，强烈的疼痛从身上各处袭来，汹涌如巨浪，无情如猛兽，疯狂地侵蚀着他的每一寸神经。他睁开双眼四处瞧瞧，发现自己正躺在一大片水田边的田塍（chéng）上，卡拉塔就在不远处一动不动地躺着。

看来，我们已经从半山腰跌落到山脚下的梯田边了。

"卡拉塔——"嘀嘀嗒艰难地挪过身子，吃力地摇晃着昏迷不醒的卡拉塔，"你快醒醒，你不能死啊，我们还要回家的！"

但无论嘀嘀嗒怎么喊，卡拉塔都没有一丝反应。

八　山神的腰花

怎么办？怎么办？嘀嘀嗒急得泪水直在眼眶里打转，虽然昏迷状态下变身，是极其危险的行为，但除此之外，嘀嘀嗒一时也找不到其他更好的办法了。总不能眼睁睁地看着卡拉塔死去吧？他下意识地举起了胸前的银口哨。

"咻——唔！"嘀嘀嗒正要吹响口哨，却被什么东西噗的一下堵住了。

"别瞎吹！"是卡拉塔调皮的声音！

"我的天，你没事啊！"嘀嘀嗒见堵住自己哨子的竟是卡拉塔，激动得一拳捶在他肩上。

"哇呦！咳咳咳！谁说我没事的？"被嘀嘀嗒这么一捶，卡拉塔猛咳起来。

嘀嘀嗒赶紧扶住卡拉塔，撸着后背帮他顺气，嘴里却不停地埋怨："好小子，你居然还敢骗我！"

"哼，就许你骗我，不许我吓吓你啊！而且我也是真晕倒了，要是你那两钳子再多瞎摇几下，我可能就真的要不省人事了。"

"哦，那这么说，你胡闹还有道理啦？"嘀嘀嗒气恼地别过身去。

"好啦好啦，开玩笑的嘛，别生气啦。我们还是找找奶奶他们吧。"

"好吧。"嘀嘀嗒也担心着小龙虾奶奶和脆脆的安危，"不过我可没有原谅你啊！"

　　"知道啦，小心眼嘀嘀嗒。"卡拉塔小声地嘟哝着。

　　"你说什么？！"嘀嘀嗒回头盯着卡拉塔。

　　"啊哈，没什么，没什么，我的好哥哥，我的小神鼠，我们快走吧！"卡拉塔笑着拉起嘀嘀嗒的螯足，扑通跳进身旁的水田中，向前大步走去。

九 我做错了什么？

虽说是要去找同伴，但此时的嘀嘀嗒和卡拉塔已完全失去了方向，他们不知道自己身在何处，更不知道该到哪里去找小龙虾奶奶和脆脆，只知道自己是从山上跌落下来的。他们只能一个台田一个台田地往上攀爬。

正午日光强烈，嘀嘀嗒和卡拉塔游在水中都能感受到太阳的炙热。上上下下的水面都是一片耀眼的灿黄，虽然颜色时浅时深，但看上去都是明晃晃的金亮。层层叠叠的田埂缠绕在水田边，翠绿得令人忍不住想去掐两下。要在平时，卡拉塔一定会驻足好好欣赏这番美景，但是现在，他们正像没头苍蝇似的到处乱撞呢，哪里还有心思欣赏美景呀。

"嘀嘀嗒，我们这是在朝哪里走啊？"卡拉塔开始抱怨这没有尽头的前行。

"我记得来的时候，我们穿过了一个山洞，然后才跌落下来的。所以往高处爬，应该是没错的。"嘀嘀嗒努力回忆着。

"应该？这种状况下只是应该，会不会风险太大？我看还是找谁问问路吧！"卡拉塔觉得只凭记忆找路不太靠谱。

"你在质疑我吗？别忘了，我是为了救你，才陪着你跌下来的。"感受到不信任的嘀嘀嗒，有些不高兴了。

"我没有质疑，但你不觉得找个熟悉情况的小动物问问路，会更加有把握吗？"卡拉塔委婉地说。

"你不就是在说我不靠谱嘛！"嘀嘀嗒更生气了。

"唉，这都是你自己说的。"

"你！"嘀嘀嗒被气得说不出话来。

这时，一只毛茸茸的小黄鸭正好踩着水经过。

"我去问问路！"卡拉塔迅速地游向小黄鸭，"黄鸭姐姐，你好啊……"

卡拉塔正十分礼貌地开口问路呢，没想到小黄鸭一看到卡拉塔就脸色一沉，举起翅膀驱赶道，"噫——哪里来的小龙虾，真晦气，快走！快离开我们这儿！"

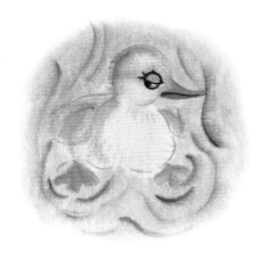

九 我做错了什么？

小黄鸭说着，扑腾起翅膀，溅起的水花弄得卡拉塔睁不开眼，话也说不完整句："呃，那个什么，我就是想问个路，哎呀，好大的风……"

"什么什么什么，我不要听！你快走，别来破坏我们的家！"小黄鸭见翅膀的攻击仍没赶跑小龙虾，索性用硬硬的嘴喙朝卡拉塔的脑门啄了下来。

"这里面一定有什么误会！"卡拉塔一边护着头，一边还想努力解释一下，可小黄鸭却不由分说地扬起脖子，雨点般密集地向卡拉塔发起攻击。

卡拉塔还是一只才几个月大的小龙虾呀，哪里是小黄鸭的对手？只能灰溜溜地离开。

"哼，知道厉害了吧！快点走，走得越远越好！"小黄鸭对着仓皇逃跑的卡拉塔大叫。

卡拉塔狼狈地回到嘀嘀嗒身边，动动胳膊，摇摇脑袋："我就想问个路，没想到碰着了个疯子！一照面就拿嘴啄我，像看见扫把星似的。"

"呵！"嘀嘀嗒冷笑一声，"可不就是个晦气的扫把星嘛，还是个就知道抱怨不知道感恩的白眼狼！"

"好好好，是我错是我错。"卡拉塔赶紧认怂，"但现在也不是责怪我的时候吧，我们得赶紧找到奶奶她们。"

"这倒是。算你小子走运，先放过你！"嘀嘀嗒没好气地说。

卡拉塔虽然嘴上这么说，但是心里还是觉得找找本地生物，问个路比较放心，所以他一路上不停地给嘀嘀嗒洗脑：一会儿说，嘀嘀嗒，你看这条路我们刚才是不是走过了？一会儿又说，嘀嘀嗒，你觉得这个岔口如果有指示的话，是不是更容易知道前面是哪儿呢？看到一个生物，就故意说，人家说不定见过小龙虾奶奶。找到点豆饼屑，又说这肯定是哪个知情人士帮忙留下的记号……搞得嘀嘀嗒潜意识里也觉得，似乎是找个人问问路比较好，说不定真能知道小龙虾奶奶她们的下落。

于是，嘀嘀嗒也壮着胆子朝一只看起来挺面善的青蛙游去，"青蛙哥哥，你有没有在这儿见过别的小龙虾呀？"

"呱，什么？小龙虾！"青蛙一惊，呱的一声吐出长长的舌头。

九 我做错了什么？

"哦，对不起，我打扰到您了，是吗？实在不好意思，不过您有看到过别的小龙虾吗？有一只比我大很多，壳是深红色的，她是我的奶奶。"嘀嘀嗒手舞足蹈地比画起来。

"呱呱呱！"青蛙一脸震惊，"小龙虾！呱！还有比你大的！呱！还是母的！呱！"

"呃呵呵，您的说话方式还挺特别的。那请问您有见过吗？她还带着一只小一点的小龙虾，看起来有些瘦弱。"

"呱！居然还有！"青蛙已经不再是震惊，而是一副害怕的样子了。

"哇，怎么了，嘀嘀嗒你是不是吓着人家了。"卡拉塔突然凑了上来。

"咯，咯唔啊……"青蛙真是被吓到了，"居，居然……有四只！救命啊！！"小青蛙弹得老远老远，一边跳一边还发出惊慌失措的叫声。

"这是怎么回事？"卡拉塔不解地问嘀嘀嗒。

"我也不知道啊，就刚才，我问他有没有见过奶奶，结果他就好像很害怕的样子，一直在那里呱啊呱的。"嘀嘀嗒也是一头雾水。

"嗯，我注意到了，那青蛙只知道不停地呱呱叫，像吃东西噎到了似的。"卡拉塔想起刚才青蛙说话的样子就想笑。

小动物们是不是碰上了什么不得已的事情？卡拉塔和嘀嘀嗒猜测道。但是接下来发生的事情，让他们感觉越来越诡异：他们向螺蛳问路，螺蛳白了他们两眼就缩回了壳里；他们和蚯蚓打招呼，蚯蚓头也不回地钻进土壤里；他们碰到几条蝌蚪，话都没说上一句，就被青蛙妈妈赶走了……所有的小动物都仿佛商量好了一样，没有一个理睬他们，连树上欢腾的小鸟看见他们也厌弃地抛下鸟屎飞走了。

笃——笃——两滴鸟屎刚好落在了他们的壳上。

"嘀嘀嗒，我感受到了歧视。"卡拉塔眉头紧锁，厌恶极了身上突然弥漫的那股鸟屎味道。

"我觉得我遭受的歧视更严重！"嘀嘀嗒指着自己的脑门子，上面有一坨白色的鸟屎已经炸开了花。

此时，两只小龙虾都恨不得马上能直接蜕层皮，但这蜕皮哪

九 我做错了什么？

里是他们想蜕就能蜕的？没办法，只好老老实实泡到水里去把自己洗干净。

"我宁可，现在自己没有脑袋！"嘀嘀嗒怎么搓都搓不干净脑袋上的鸟屎，委屈得傻话都说出来了。

"我倒是快弄干净了，不过，背好疼啊！"一直在水底小石块上刮擦的卡拉塔也没好到哪里去，"感觉这水都臭了，不行，我得换块田再洗一次！"说着，朝着隔壁的水田翻了过去。

"哎，等等我，我也要再洗一次！"嘀嘀嗒紧随其后。

就这样，他俩翻越了十几块田，折腾了一个下午，才把身上的味道清除干净。

太阳缓缓地沉入云海，五彩的云霞将梯田染成各种艳丽的色彩。累坏了的嘀嘀嗒和卡拉塔靠在田埂上休息。

"啊，真美。真想待在这里不走了。"来到梯田这么久，卡拉塔见识了不少美景，可是梯田总是蒙着神秘的面纱，绵柔地躺在群山之间，旖旎瑰丽、变幻莫测，每一次的变化都叫人喜出望外。

"是啊……哇，你不会是故意的吧！"不知是不是刚才搓脑袋太用力了，嘀嘀嗒竟然钻进了牛角尖，"真是信了邪了，我居然还真相信你去问了路。早知道，还不如靠我自己的脑袋呢！"

"你不要这么煞风景好不好！之前是谁说，真希望脑袋都不要的？"卡拉塔装模作样地学着嘀嘀嗒。

"好吧。"嘀嘀嗒不耐烦地挥挥螯足，一副懒得再追究的样子，"他们到底为什么要这样躲着我们呢？"

"是啊，太奇怪了！到底是为什么呢？"

"卡拉塔，我有一个感觉，他们不只是讨厌咱俩，而是讨厌所有的小龙虾！"卡拉塔若有所思地说道。

"哦？为什么这么说呢？"

"你想啊，那些小动物又不认识咱俩，他们只是看到我们的外表就这样讨厌，那说明了什么？"

"说明他们讨厌的是小龙虾！"

"对，是讨厌整个小龙虾家族。你看刚才我在说奶奶的时候，他们也是一副嫌弃的表情！"

"啊？这么不讲理，就因为我们是小龙虾？可我们没干坏事啊，而且小龙虾奶奶脾气那么好。难道是因为我们长得不好看？"卡拉塔觉得莫名其妙。

嘀嘀嗒用螯足点着卡拉塔，无奈地说："也许是吧，这就是

99

残酷的现实，没有谁会愿意忽视你惨不忍睹的外表，只直视纯洁善良的内心。"

"哇，好有哲理。"卡拉塔刚要赞美嘀嘀嗒几句，一想又有些不对，"呃，你才惨不忍睹呢！"

"哈哈哈哈哈……"嘀嘀嗒放声大笑。这个时候，没有比逗趣更能舒缓压力的了。

就这样，白天的疲乏和委屈在美景和互相逗趣中烟消云散，伴着习习凉风，卡拉塔和嘀嘀嗒甜甜地进入了梦乡。

"啊？这么不讲理，就因为我们是小龙虾？可我们没干坏事啊，而且小龙虾奶奶脾气那么好。难道是因为我们长得不好看？"卡拉塔觉得莫名其妙。

嘀嘀嗒用螯足点着卡拉塔，无奈地说："也许是吧，这就是残酷的现实，没有谁会愿意忽视你惨不忍睹的外表，只直视纯洁善良的内心。"

"哇，好有哲理。"卡拉塔刚要赞美嘀嘀嗒几句，一想又有些不对，"呃，你才惨不忍睹呢！"

"哈哈哈哈哈……"嘀嘀嗒放声大笑。这个时候，没有比逗趣更能舒缓压力的了。

就这样，白天的疲乏和委屈在美景和互相逗趣中烟消云散，伴着习习凉风，卡拉塔和嘀嘀嗒甜甜地进入了梦乡。

十 贵宾专用道

第二天早上，睡到自然醒的嘀嘀嗒和卡拉塔幸福地伸了个大懒腰。

"咦，我们昨晚怎么就这样睡着啦？"卡拉塔揉揉眼睛，看着四周亮堂的山丘，有些讶异。

"大概是太累了吧，你看，我们昨天还掉在下面那片田塍上，现在已经爬得这么高了。"嘀嘀嗒朝山脚下努努嘴。

"是哈，那我们今天朝哪里走呢？"卡拉塔望着山上绵延不绝的梯田，摸摸肚子道，"好饿！要不我们先去那边尝尝稻子吧，看着可香哩。"

"嗯，也行，反正还得赶路，不如先填饱了肚子。"嘀嘀嗒和卡拉塔一起，向不远处的稻丛爬去。

梯田里的水稻长得可真壮实啊，嫩绿色的茎叶汁水饱满，精神抖擞地挺立在田中，像一排排训练有素的士兵。

"好诱人的稻子啊，嘀嘀嗒，我先吃哪株好呢？要不要先从这棵矮的下口？"卡拉塔死死地盯着眼前的稻子。

"随便你，不过得吃快点，我们还得赶路呢。"嘀嘀嗒催促道。

"那本宝宝就不客气啦！"卡拉塔钳下一段稻穗，张开嘴巴大吃起来，"嗯，好七（吃）……好七（吃）……"

"什么好七好八的？"嘀嘀嗒见卡拉塔一副贪吃的样子，忍不住提醒道，"瞧你吃得连说话都口齿不清了，慢点慢点，小心噎着撑着！"

卡拉塔咽下一大口嫩嫩的稻穗，不屑地撇撇嘴："怎么和跟楞半倒爷爷一样啰唆，哼，你也太小看我的食量了，这点东西对我来说根本不算什么！"

"好好好，你厉害你厉害。"嘀嘀嗒见卡拉塔吃得那么欢实，忍不住瞄准一株看起来比较鲜嫩的稻子，也准备尝个新鲜。

嘶，从哪里下口好呢？嘀嘀嗒犹豫着。

"你怎么婆婆妈妈的，就照着你嘴最近的地方，一口咬下去好了，可满足了！"卡拉塔鼓着腮帮子，大声说道。

话音刚落，嘀嘀嗒已经"扑哧"一口咬了下去，香甜的浆汁顿时溢满口中，"嗯，还真……挺好吃的！"

"嘿嘿嘿，是吧。"卡拉塔见嘀嘀嗒也是一副满足的样子，不禁开怀大笑起来。

"看，那边还有更饱满的，赶紧去尝尝！"卡拉塔砸吧着嘴，意犹未尽地望着前方。

他拨开面前的稻丛，朝着那片更加壮硕的水稻爬去。

忽然，远处传来一阵窸窸窣窣的声响，身边的水随着哗哗四起的水流一齐摇摆起来。一些动物说话的声音，随着稻波断断续续飘了过来："快！快！把道上清清，仪容整理一下，一会儿又该生气了……"

虽然距离远，那些说话声传进卡拉塔耳朵时已有些含糊不清，但他依稀听出了好像是有个什么大人物要出现的样子。卡拉塔爱凑热闹的天性瞬间又被激发出来，他抛下美味，飞快地爬回到嘀嘀嗒旁边。

"嘀嘀嗒，那边好像有不小的动静，你说会不会是奶奶他们遇上麻烦啦？我们快去看看吧！"卡拉塔拉起嘀嘀嗒就要走。

"不会的，脆脆不是会闹事的性格，奶奶更是一个典型的和事佬。"嘀嘀嗒一眼就识破了卡拉塔想去凑热闹的小心思。

"可是……去看一下嘛，万一是呢？万一,万一！"卡拉塔觍着脸纠缠起来。

"好吧好吧，不过我们得先在旁边打探清楚情况，要是和奶奶她们没什么关系，立马就走！"嘀嘀嗒实在拗不过卡拉塔，只能勉强答应。

"好的！"卡拉塔开心地拉着嘀嘀嗒就往刚才发现动静的地方爬去。

两只小龙虾在水中一蹦一跳，回到了那片茂密的水稻边。可

十 贵宾专用道

是，四周一片安静，竟好像什么也没有发生过。

"你是不是吃撑了，出现幻觉啦？哪有什么大动静！"嘀嘀嗒环顾四周问道。

"奇怪，刚才我明明听到有很多说话声，而且听起来排场还不小呢！"卡拉塔奇怪地睁大了眼睛，细细观察着周围：水流带动着稻穗，缓缓地左摇右摆着；细沙和泥土安稳地沉潜在水底，没有一丝喧闹；听不到任何动物的交头接耳或随意走动。一切都有条不紊，祥和安静。

不对！在这片广袤（mào）的梯田里，生活着许许多多种类的小动物，他们每天你来我往、闲言碎语的，即便没有响亮的喧闹声，也不可能像现在这样安静得连一点声息也没有啊，更何况这还大白天！

"嘀嘀嗒，我知道哪里不对劲儿了！"卡拉塔下意识地大叫一声，激动得快要蹦起来。

可他还没跳起来，就被一阵嘘声制止住了。

听到嘘声，卡拉塔这才发现，那些见到他们就躲的小动物们，原来都在稻丛的隐蔽处毕恭毕敬地站着呢。

"快进来！"卡拉塔还没来得及看清是谁，就被一只软绵绵的手一把拽进了稻丛里，"嘘，别说话！"

这时卡拉塔才看清楚，拉他的原来是福寿螺非常鄙视的亲戚——田螺。

"啊，我认识你，你就是田螺吧？"卡拉塔激动地说，"这次我一定没搞错！"

"好啦，安静安静，大祭司就要到了，快站好！"田螺压低声音提醒道。

"哦。"卡拉塔做了个鬼脸，心里却充满了好奇：到底是什么动物，可以在这里拥有如此高的地位呀？

"来了来了，大家快站好！"稻丛中的动物纷纷互相提醒着，并转头望向同一个地方。

卡拉塔顺着大家注视的地方望去，只见一团大身影渐渐地靠近，所有小动物都低下了头。卡拉塔左看看右看看，效仿着大家，也做了个低头的样子。不过，眼睛的余光早瞟向了那团影子。

哗啦——，哗啦——，在一阵巨大的水声中，卡拉塔终于看清了庐山真面目——那不就是一条大鲤鱼嘛！不是公园里供人观赏的那种红锦鲤，而像是妈妈拿来做红烧鱼的那种黑鲤鱼。

"嘁！瞧他那威风的样子，我还以为是什么稀罕动物呢！"大鲤鱼游过后，卡拉塔不以为然地朝嘀嘀嗒撇了撇嘴。

"呵呵，好像是你硬要来凑这个热闹的吧。"嘀嘀嗒嘲笑道。

"啰啰啰……"卡拉塔翻了个白眼，"不过就是条鲤鱼，没什

十 贵宾专用道

么了不起的。"

"你居然敢说鲤鱼**大祭司**没什么了不起！"田螺诧异地看着卡拉塔，"你可知道，鲤鱼大祭司是我们这里最高贵、最接近天神的物种！"

"什么？最接近天神？这是从何而来的谣言！"卡拉塔捧着肚皮大笑起来。

"你笑什么？一看就是个没见过世面的小娃娃，果然来自令人倒胃口的种族。"田螺满脸不屑。

"你说什么呢！"卡拉塔一听这话，顿时火从心起，亏奶奶还说田螺生性善良呢，你居然出口侮辱小龙虾族群！"你这个马屁精，这鲤鱼到底哪里厉害了！"

"我说你没见识吧！"田螺指着刚才鲤鱼游过的地方说道，"且不说鲤鱼大祭司伟岸的身躯和高超的本领。你就瞧瞧这大祭司来去的通道

鲤鱼俗称鲤拐子，是品种最多、分布最广、养殖历史最悠久、产量最高的淡水鱼类之一。

野生鲤鱼体色金黄，尾鳍橙红，非常好看，平时多栖息于江河、湖泊、水库、池沼等水体底层的丛生水草之中，以食底栖动物为主，荤素兼食，属杂食性鱼类。

鲤鱼是我国传统的吉祥物，各地都流传着许多和鲤鱼有关的传说，最为大家所熟悉的就是"鲤鱼跳龙门"，可以看出人们在鲤鱼身上寄托了望子成龙的期盼。

大祭司是指在宗教活动或祭祀活动中，为了祭拜或崇敬所信仰的神，专门由大家选出来负责在祭台上主持祭典的人员。

人们对大祭司都非常崇敬，因为人们相信他们具有特殊的力量，可以占卜和预知未来，因此大祭司常常具有特殊的权力。

吧，那可是人类亲自为他开辟的呢！"

　　卡拉塔仔细一看，稻田中央果然有一条宽宽的通道，刚好适合成年的鲤鱼来去。不过，这条通道明明是人类为了在田间扩出地来饲养鲤鱼才开辟的，怎么竟成了鲤鱼耀武扬威的资本啦？

　　"哎，你笑什么呀。人类唉！天神一般的动物，这梯田都是他们造起来的呢。可是你看，连人类都要臣服于鲤鱼大祭司的威严，为大祭司服务。这不是高贵是什么？"田螺絮絮叨叨地说着。

　　"噗！哈哈哈哈……"听到这番话，卡拉塔和嘀嘀嗒都忍不住捧腹大笑起来。

　　"好啊，你们竟敢取笑鲤鱼大祭司，看来是不要命了！"田螺见两只小龙虾如此不把自己的话当回事，气得说话的分贝也不由自主地提高了好几度。

　　田螺一大声，卡拉塔更不服气了："你声音大就了不起啊，这条道明明是人类用来养肥鲤鱼，为了卖个高价钱的手段……"

　　卡拉塔的嚷嚷声，立即引来了动物们的议论纷纷。居然有人质疑起鲤鱼大祭司来了！这个消息就像插上了翅膀，一传十，十传百，很快就在梯田里传得沸沸扬扬：

　　"你们听说了吗？有人质疑大祭司的权威哎！"

　　"好像还有说大祭司是人类的食物……"

"嗯，是不是两只小龙虾说的？"

"咦，小龙虾这个恶心的外来物种，他们的话能相信吗？"

······

很快，这些话就都传到了鲤鱼那里。

"噢？是吗？说我是人类的食物？有意思！"鲤鱼严肃地张张嘴，脸色有些难看，"他们现在在哪里？！"

"禀告大祭司，他们应该还在圣道附近。"小喽啰黄鳝谄媚地答道。

"走，去会会他们！"鲤鱼摆动着庞大的身躯，威严地说道。

十一　一边倒的审判

　　鲤鱼大祭司率领着泥鳅、黄鳝等一帮随从，气势汹汹地返回了刚才游过的那条通道。一路上，其他小动物纷纷退避三舍，生怕冲撞到了鲤鱼大祭司和他的手下们。

　　"圣道"上一片空空荡荡，根本没有小龙虾的踪影。鲤鱼十分不满，他沉下声音问："不是说，他们在这儿吗？"

　　"呃，大祭司，根据线报，他们确实是在这里的。"泥鳅哈着腰，眼睛四处瞄着。

　　"大祭司，您别急，许是他们听到风声，吓得藏到下面的沙土里，躲起来了呢！"黄鳝扭着腰肢，在旁边尖声细气地煽风点火道。

　　"是吗？那他们真是太不走运了！"说完，大鲤鱼甩起尾巴，向上游去。突然，他又一个回旋俯身下来，直冲水底扫起了尾巴。霎时，清澈的水田变得浑浊不堪，躲藏在沙土里的小动物们被翻搅出来，跌跌撞撞，好不狼狈。

　　"咳咳咳，呛死我了，谁这么没公德，不知道这个时候大家都在睡午觉吗？"卡拉塔挥着螯足，没好气地说。

"哈哈，原来你们在这里。"鲤鱼冷笑着，慢悠悠地从口中发出一声命令，"把他们带走！"

"得令！"接到命令的黄鳝和泥鳅立马上前，用身体紧紧地缠住了卡拉塔和嘀嘀嗒。

"干什么！你们这是干什么！"卡拉塔和嘀嘀嗒奋力挣扎着。

"让他们安静点！"鲤鱼回过头，有些不耐烦地命令道。

黄鳝和泥鳅立即更加卖劲儿地使出力气，把卡拉塔和嘀嘀嗒缠得更紧了。

"你——们——"两只小龙虾顿时被勒得呼吸困难，不一会儿就晕了过去。

鲤鱼却顾自往前游着："走，去祭坛！"

泥鳅和黄鳝紧跟在鲤鱼身后，一左一右地拖着卡拉塔和嘀嘀嗒。狐假虎威的黄鳝甚至还恶作剧地用昏迷的小龙虾吓唬大家，弄得路旁的小动物们更加战战兢兢。鲤鱼自顾自昂着脑袋径直朝前游去。

他们离开稻田，来到了一片水面开阔的地方，这里四周围着茂密的水草，岸边有几棵郁郁葱葱的大树，一棵最大的树上用枯枝悬空绑着一块大石头，树下还有一块长长的石板，上面供奉着一些祭品。这儿便是鲤鱼大祭司行使权威的祭坛，是梯田湿地里唯一能对人行刑的地方。

水草边、树枝旁、田塍上，密密麻麻地趴着各种看热闹的小动物，大家闻讯赶来，里三层外三层地把这片梯田围得水泄不通，目的就是看看这两只小龙虾将会遭受什么样的惩罚。

咕噜噜……咕噜噜……卡拉塔感觉自己仿佛坠入了一片黑暗，胸口闷闷的，想要深吸一口气，却似溺水一般哽住了喉咙，他越挣扎就越往下沉。

"哇——"卡拉塔吓得惊醒过来。他环顾四周，这才意识到刚才的无边黑暗只是一场梦境。不过，现实的处境显然并不比梦境好到哪儿去。此刻，他和嘀嘀嗒正被五花大绑地浸在大树下的水中，在他的头顶上，有块晃悠着的大石头，仿佛随时都会砸下来。

"嘀嘀嗒，嘀嘀嗒，快醒醒！情况不妙啊！"卡拉塔费力地扭动着被绑的身体，撞了撞身边垂着脑袋的嘀嘀嗒。

"嘶，我的头……这是哪儿？"嘀嘀嗒终于醒了，迷迷糊糊地摇晃着脑袋。

"呱——罪人已经苏醒。现在，进行审判！呱——"说话的竟是之前见到嘀嘀嗒就仓皇而逃的青蛙。

"犯人们，你们可知罪？"鲤鱼从草丛中缓缓地游了过来，威风地摆动着长尾，语气缓慢而冰冷。

"我们究竟犯了什么错？你说啊！"卡拉塔一脸倔强地吼道。

"你们犯了什么错，难道心里还不清楚吗？"黄鳝声音尖利地煽动道，"大祭司，别跟他们啰唆了，他们犯下的，每一条都是死罪哇！"

"对，都是死罪！"

"别跟他们啰唆，直接砸死他们！"

"快点行刑吧！"

在黄鳝的煽动下，现场顿时变得闹哄哄的，大家七嘴八舌，一片混乱，根本不像是庄严的审判，倒更像是清晨喧闹的菜市场。

"咳咳……"鲤鱼微蹙着眉头，咳嗽两声，清了清喉咙。

"大家肃静！都不要吵了，听鲤鱼大祭司说！"嘀嘀嗒见大家乱成一团，忽然大声喊道。

"喂！嘀嘀嗒，你脑子坏掉了吗？！"卡拉塔瞬间感觉自己碰上了猪队友。

"这叫缓兵之计！你看看周围的小动物们，好像都失去了理智，对我们很不利啊！还有那个阴险的黄鳝，明显对我们恨之入骨，万一他们趁乱下手，那我们不是连个申辩的机会都没有了？"嘀嘀嗒压低了声音，悄悄对卡拉塔说，"不如先稳住鲤鱼，听听他们会用什么罪名来惩罚我们，然后再见机行事。"

鲤鱼显然没有猜到嘀嘀嗒的心思，他侧过脸，有些意外地望着嘀嘀嗒："呵呵，你这小家伙还挺懂事，如果你乖乖听话，我可以考虑给你留个全尸……"鲤鱼的话音未落，忽然轰隆隆一声巨响，山体猛烈地震动了一下，那些围观的小动物们吓得顿时全都趴在了地上。

"大家不要怕！这是山神见我们迟迟不处决这两个罪恶滔天的家伙，终于震怒啦。"脸色煞白的鲤鱼强装镇定地游回大树跟前，对着吊在树上的大石头煞有介事地喊道，"山神啊，我们知道错了，我们现在就把这两个罪人送进地狱，让他们再也祸害不到我们的水土！"

说来也怪，鲤鱼一通装模作样的祷告之后，山体竟然恢复了平静。

"大祭司神明，大祭司仁厚！"旁观的动物们纷纷欢呼起来。

"这是怎么回事？山神的腰花不是已经炸完了？莫非这肥鲤鱼真有什么魔法？"卡拉塔这下慌张起来，他焦急地提醒嘀嘀嗒，"要不，我们还是赶紧变身回去？"

"别瞎说！他要是真有什么魔法，哪里还需要装模作样地审判我们？"嘀嘀嗒却一点不急，他冷静地分析道，"不过这次的震动确实挺奇怪的，你有没有听见一种熟悉的声音？"

卡拉塔侧耳仔细听了听，失声惊叫起来："好像是有唉，而且还有股柴油味……"

"嗯！"嘀嘀嗒点了点头，"是机器的声音，肯定是有人在用机器伐木！"

"你们死到临头，还在那里窃窃私语什么呢！"黄鳝见两只小龙虾居然一点都不害怕，又转头撺掇鲤鱼道，"大祭司，山神已经震怒了，我们不能再耽搁时间了，直接行刑吧！"

"你这是欲加之罪，何患无辞！"卡拉塔见他们要动真格了，急得满头大汗，"嘀嘀嗒，你快行动呀！"

"我们到底犯了哪些罪？你说清楚呀！不然就算下到了地狱，我们也要向阎王去告你们状的。"嘀嘀嗒却还是不急不躁的样子。

"好，既然你们不服，那大家就来听一听你们的罪名！"鲤鱼高声喊道，"审判官，列罪状！"

那只青蛙从岸边扑通一声跳进水中，高声朗读起来："呱——第一条，无良打洞，毁坏其他动物的家园；呱呱——第二条，肆意掠夺食物，不顾其他动物的死活；呱呱呱——第三条，残暴成性，危害其他动物的安全；呱呱呱呱——第四条，散布谣言，诋毁大祭司……"

"慢着慢着，怎么打洞吃东西也算犯罪呢？这是我们的生存方式好不好，不然要怎么活？就这样傻傻地待在原地，等着饿死，还是等着被吃掉？还有，我们哪里危害其他动物了？鸟屎压顶我们都忍了好吗？"卡拉塔觉得这几条罪名简直无理取闹，怕是就因为惹怒了肥鲤鱼，才被安上了这些莫须有的罪名。

"吼吼，是吗？"鲤鱼却是一脸严肃，根本不理会卡拉塔的争辩，"传证人！"

几条小斑鳢和一只福寿螺，从一旁的草丛中游了出来。

"大祭司，就是他们！打伤了我们老大的眼睛，害得他到现在都还无法进食呢。"一条斑鳢哭丧着脸说。

"哼，你们居然敢打伤我最好的哥们，死有余辜！"黄鳝恶狠狠地喊道。

"他们太可恶了，每天在我栖息的泥壁上穿来穿去，害得我连个睡觉的地方都没有！"福寿螺钻出笨重的大壳，也在旁边应和。

"是呢，我还亲眼看到他们在吃圣道边的稻穗。"

"对啊对啊，他还对我说，鲤鱼大祭司只是人类的食物而已……"

看到那些"证人"们气势汹汹的样子，围观的动物们又情绪激动地开始起哄，审判的局势霎时变得一边倒了：

"瞧这些小龙虾，多么粗鄙，一点悔过之心都没有！"

"就是啊，没素质的外来物种，看看他们的所作所为，实在太贪婪了！"

"听说前面两座山上的梯田，都被他们挖空了，水都流干了，现在又来祸害我们！"

"这种无耻的动物，就该直接砸死，还跟他们费什么口舌呀！"

"就是……"

"就是……"

"就是……"

"这是什么乱七八糟的罪名呀！你们怎么能颠倒黑白呢？"卡拉塔争辩道，"明明是这些斑鳢要来吃我们唉！我们难道还不能自卫吗？至于你，福寿螺，我们虽然喜欢打洞，但我们什么时候穿过你家的泥壁了？还有说我吃稻穗的那位大姐，你家小妹吃得也很欢实好吗？"

"那是你的生存方式，但这种方式侵害到了其他动物，这就是有罪！"鲤鱼用激昂的声音打断了卡拉塔的争辩。

"嘀嘀嗒，你怎么不说话啊，不是你让他列罪状的吗？你倒是说句话呀！"卡拉塔急得语无伦次。

"你难道还没听明白吗？"嘀嘀嗒突然变得垂头丧气，"对于梯田来说，小龙虾的确是具有侵略性的外来物种，我们打洞的生存方式会使梯田水土流失，所以这里的小动物都讨厌我们。唉，真不该变成小龙虾呀……"

"是哦，好像也不能都怪他们。"卡拉塔也突然醒悟，"那你还磨蹭什么，快吹口哨呀！"

"你没看见咱俩都被捆成啥样子了啊？要是可以吹哨子，我早吹啦，还要你提醒？"

十二　我是大英雄

"住手！"就在鲤鱼大祭司刚要下令行刑时，边上的水草丛中忽然传来一声大喊，只见两片巨大的绿叶，神奇地从水草边的一个角落里冲了出来，飞快地漂向卡拉塔和嘀嘀嗒。

就在围观的动物们都还愣在那里，没搞明白到底发生了什么的时候，两片绿叶已经"嗖嗖嗖"的几下，蹦到了卡拉塔和嘀嘀嗒的跟前。

卡拉塔定睛一看，原来是小龙虾奶奶和脆脆躲在两片叶子下面！

"孩子，别怕！"小龙虾奶奶从绿叶下伸出大钳子，咔嚓——咔嚓——干脆利落地把绑在卡拉塔和嘀嘀嗒身上的枯枝给剪开了。

现场顿时一片混乱，不知谁在那里高喊：

"不好啦！有人劫法场啦——"

"那是另外两只小龙虾，快抓住他们——"

"别让他们跑啦——"

……

"快，我们一起往外冲！"小龙虾奶奶低喝一声，一老三小四只小龙虾齐心协力地朝最近的草丛游去。

黄鳝、泥鳅、福寿螺、小斑鳢见状，都纷纷扑上来堵住了小龙虾们的去路。

就在双方僵持不下的时候，山体忽然又发生了剧烈的震动，轰隆隆——轰隆隆——震得水田一片颤抖，绑着大石头的树枝发出了嘎——嘎——嘎——的惨叫声，仿佛世界末日已经降临一般。

忽然，咔嚓一声巨响，树枝断裂开来，那块悬在树上的大石猛地掉落下来，嗵的一声，重重地砸在了卡拉塔身后的水田里，掀起了一阵巨大的浪花，差点把他掀翻在地。

周围树枝上的小鸟吓得扑棱棱地张开翅膀四散飞开，田塍上的鸭子、蛤蟆、田鼠、蚂蚱更是慌不择路地撒腿就跑。

"好险啊，差点就砸我身上啦！"卡拉塔拍拍胸脯，庆幸自己逃过了一劫。可他还没喘过一口气呢，大山又轰隆隆发起威来，剧烈的震动使得那块大石头在水田里滚来滚去，好多水中

的小动物避之不及，都被压伤了腿脚。

在持续不断的震动中，大石块砰的一声，撞向了水田边缘的那道田塍，高高的土塍猛然间被撞开一道豁口，田中的泥水霎时哗哗哗地向着山下倾泻而去。

"救命——"一些猝不及防的小鱼小虾、蚂蟥、蜉蝣被巨大的水流冲出豁口，摔下山去。

面对突如其来的状况，黄鳝和泥鳅再也顾不上跟小龙虾作对啦，他们没头没脑地在一片混浊的泥浆中胡乱地游蹿起来；惊慌失措的肥鲤鱼也顾不上再做祷告，赶紧扭转肥胖的身躯，向着远处的稻丛拼命地逃去。但是随着水位的迅速下降，鲤鱼、泥鳅、黄鳝，还有其他许多鱼虾，行动都变得越来越

蜉蝣是最古老而原始的有翅昆虫，它们的体形细长柔软，触角短，复眼发达，中胸较大，前翅发达，后翅退化，肚子下面拖着一对长长的尾须，有些种类还有中央尾丝。

春夏两季，从午后到傍晚，常有成群的雄虫进行"婚飞"，雌虫独自飞入成群的蜉蝣中与雄虫配对。然后雌虫就在水中产卵。蜉蝣的虫卵很微小，椭圆形，具有各种颜色，表面有络纹，具黏性，可附着在水草的碎片上。

蜉蝣的幼虫生活在淡水湖或溪流中，成虫前至少要在水里生活1～3年，成虫之后就不再取食，成虫后的寿命很短，只有一天而已。但它在这短暂的生命中，却绽放了最绚烂的光彩。

迟缓。

而四只小龙虾，却挥舞着强健的螯足，轻轻松松地爬出水田，爬上了另一块梯田的泥壁。

卡拉塔攀附在高高的泥壁上，回头俯望那片正遭受着灭顶之灾的梯田，眼前凄惨的景象让他不忍直视：昔日清澈的水田，此时已是一片混沌，被困在田中无法逃脱的小生物们，正凄惨地哀号着，在泥浆中绝望地拼命蹦跶，做着无谓的挣扎，而田里最后一层的浑水也正在急速地流失！

"不行，我们得去救他们！"卡拉塔焦急起来。

"救他们？！你忘了刚才他们是怎么对付你俩的？"脆脆赶紧劝阻。

"虽然他们对我们小龙虾很不公平，但他们的出发点是为了要保护梯田的安全，这也不能算什么错。现在他们处在生死关头，我们不能见死不救！"卡拉塔胸脯一鼓一鼓地说。

"说得好！我和你一起去。"嘀嘀嗒赞许地望向卡拉塔，"多一只虾钳多一分力量！"

"那我也去帮忙！"脆脆瞬间被他俩的精神感动。

"你还是留在这里照顾奶奶吧！"卡拉塔显出一副小小男子汉的豪迈样子。

"真是一帮傻孩子，去！大家都去，奶奶也和你们一起去！"

"可是……"嘀嘀嗒有些担心。

"可是什么？奶奶身手矫健着呢，刚才还不是我和脆脆来救的你们？救死扶伤嘛，奶奶还是一把好手！"

"那我们该怎么去救他们呢？"脆脆问道。

"你看那边，就是那块大石块的边上，不是还有块长石板吗？"卡拉塔腾出一只臂螯指向前方。

"是啊，那不是鲤鱼祭祀用的石板吗？"

"对，就是那块石板。我们想办法把它搬过去，顶在那块大石头的边上，不就正好堵住梯田的缺口了？"

"嘿，卡拉塔你真棒！我们怎么就没想到这招呢？"脆脆钦佩道。

"行动！"卡拉塔大喊一声，率先纵身跃回水田中，嘀嘀嗒、脆脆和小龙虾奶奶也紧跟着跃入水中，小龙虾一行义无反顾地朝着大石块冲去。

卡塔拉冲到长石板跟前，举起臂螯奋力去推那块石板，可是石板却纹丝不动。这时，小龙虾奶奶和脆脆、嘀嘀嗒也赶到了，四只小龙虾齐心协力，哼唷一声，终于把石板推动了。但是石板太重了，他们使尽全力也才移动了一点点距离。

"不行，这样太慢了！"卡拉塔转身朝着正在泥水中没头苍蝇般四处乱窜的小动物们高喊起来，"伙伴们，大家快过来帮

忙，一起把这块石板挪过去把缺口堵起来！"

卡拉塔的喊声让惊慌失措的小动物们霎时都清醒过来，大家纷纷朝大石板这边涌来，连四处飞散的小鸟也都飞了回来，大家使出了吃奶的力气，推的推，顶的顶，终于把大石板一点一点地移到了那个田塍的缺口上。

梯田的豁口被成功地堵住了，水流终于不再往外倾泻。此时水田里虽然只剩下薄薄几厘米深的积水，但水中的小动物们终于都安全啦！

鲤鱼歪斜着身体，在浅浅的水面上挣扎着游向卡拉塔。

"勇敢的小龙虾，太感谢你们了！"鲤鱼说着，羞赧（nǎn）地低下了胖胖的脑袋，"对不起，我不该听信斑鳢和黄鳝的谗言，冤枉了你们。其实你们说得没错，我就是人类养在梯田中的……"

"哈哈，也没有冤枉我们啦！"卡拉塔大度地说，"现在我已经明白了，我们小龙虾的确对梯田造成了很大的危害。不过也不是我们想要这样的啦，是人类把我们小龙虾带到梯田里来养殖的，我们得生存吧？那就只能在梯田里打洞了，这是小龙虾的天性啊，其实我们也很无奈呢……"

"嗯，嗯，不管怎么样，反正你是我心目中的大英雄！"鲤鱼真诚地说道。

"大英雄！大英雄！"水田里的小动物们纷纷鼓起掌来，齐声欢呼。

"我欺骗大家了，其实引起刚才那番地动山摇的并不是什么山神发怒，而是有人在山顶炸山砍树！"鲤鱼忧心忡忡地说道。

"我们知道，不过他们好端端的为什么要炸山砍树呢？"卡拉塔不解地问。

"为了在山顶造别墅搞旅游呀。"

"这是在破坏自然环境呀，就没人来管管他们吗？"卡拉塔义愤填膺。

"哎，这儿其实早就被列为保护区了，是不允许砍树造房子的。但总有那么一些人，为了自己赚钱，明目张胆地搞破坏，我们也拿他们没办法呀！"鲤鱼的口气中充满了无奈。

"不行，得想办法阻止他们！"卡拉塔勇敢地挥了挥臂螯。

"就凭你们，几只小龙虾，要去阻止人类的行为？"鲤鱼摇

十二 我是大英雄

了摇头，"我看还是算了吧。"

"对，就靠我们小龙虾，你们等着瞧！"卡拉塔俨然一名指挥若定的小将军，转头吩咐道，"脆脆，你赶紧掩护奶奶回小龙虾大本营，把全体小龙虾动员起来，立即到山顶增援。我和嘀嘀嗒先上山观察好地形！"

"好的！"大家齐声应和，并且迅速分头行动起来。

卡拉塔和嘀嘀嗒顾不上满身的泥垢和疲惫，马不停蹄地向山上爬去。不知过了多久，他俩终于爬到了山顶的森林边缘。放眼望去，果然看到大片树木已被砍倒在地，一台巨大的**打桩机**正在那片砍光了树木的空地上轰隆隆地钻地打桩。随着机器的不停运转，一阵阵地动山摇的轰鸣声响彻云霄。

"怎么办，卡拉塔？"嘀嘀嗒向卡拉塔投去了征询的目光。

"等大部队赶到，我们一齐动手，从地下打洞钻进去，把那台机器的地下彻底掏空，机器肯定会倒下来工作不了的！"

"高！"嘀嘀嗒举起臂螯称赞道。

> 打桩机是利用冲击力将基桩贯入地层的一种机器，由桩锤、桩架及附属设备等组成。这是建造楼房之前必须使用的一种机器，可以使建筑地地基变得更加牢固。但是打桩机工作的时候，会产生巨大的噪声，因此在已被划为自然保护区的梯田上使用打桩机，不仅会对梯田造成严重的破坏，还会对安静祥和的自然环境带来很大的影响，所以应该禁止在自然保护区内使用。

不一会儿，小龙虾大部队陆续赶到了。卡拉塔转头望去，嚯！整个山坡上都是黑压压的小龙虾，而跑在最前面的，正是那帮最最熟悉的小伙伴！

大块头、小海绵、小火箭、小不点、二愣子、馋唠唠……全都来啦。

"兄弟姐妹们，各就各位，预备，开始行动！"随着卡拉塔的一声令下，成千上万只小龙虾在那台打桩机下的山坡上齐心协力打起洞来。转眼间，庞大的小龙虾军团就将打桩机下的山地挖得千疮百孔，而卡拉塔则冲锋陷阵，跑在队伍的最前头，一直钻到了打桩机的正下方。

"伙伴们，差不多可以撤啦！"话音刚落，一阵可怕的轰鸣声就在头顶响起，卡拉塔来不及撤退，巨大的压力就重重地砸了下来。

"成功啦……"卡拉塔一阵激动，旋即却感到十分不妙：他的右螯被紧紧地压在机器下面，根本无法脱身！

卡拉塔来不及多想，就下意识地使出全身气力，猛然折断了自己的右臂，然后忍着剧痛拼命往外爬。可是没爬出多远，就疼得昏了过去……

"卡拉塔，卡拉塔……"一阵焦急的呼唤声在耳边回荡，卡拉塔慢慢睁开眼睛，发现山体不再震动，水面也已恢复了平静，而自己正躺在一片柔软的叶子上，周围站满了小龙虾伙伴和其他各种小动物。

"大英雄，大英雄，他醒啦！"小鸟在树枝上欢快地鸣叫起来。

"呱呱呱，呱呱呱，太好啦！"小青蛙在卡拉塔身边蹦来蹦去。

"我这是在哪啊？"卡拉塔伸手想爬起来，却发现自己的右臂不见了，"我的钳子呢？我的钳子呢？"

"你自己逞英雄折断了呗！"嘀嘀嗒故意漫不经心地说着。

"啊！那我不是成独臂侠了？！"卡拉塔差点哭出来。

"没事的，我们小龙虾再生能力很强的，断了的钳子很快就会长回来的。"小龙虾奶奶慈爱地望着卡拉塔，"孩子，你今天的表现太棒了！奶奶看到了一个善良勇敢的小英雄，你再也不是那个哭鼻子的小娃娃咯！"

"哎呀，奶奶您快别提这事了。"卡拉塔害羞地低下了头。

"哈哈哈，好，以后不提了，不提了！"小龙虾奶奶大笑，"那我们抓紧回大本营吧？"

"我们决定再去别的地方历练一番。奶奶您放心，经过这几天的磨炼，我们已经完全可以应付外面的世界了！"卡拉塔说着，冲嘀嘀嗒眨起了眼睛。

"是的是的，大家放心，我们会照顾好自己的！"嘀嘀嗒赶紧附和。

等围观的动物们渐渐散去之后，嘀嘀嗒拉着卡拉塔钻进了一个小小的泥洞，随即就变戏法似的掏出了小银哨。

"啊，这就回去啦？"卡拉塔急得头上直冒汗，"我的右臂还没长出来呢，就这么回去，会不会少一条胳膊啊？"

"放心，不会的啦。"嘀嘀嗒未等卡拉塔反应过来，就咻——咻——咻——地吹响了口哨。

一道熟悉的白光骤然亮起，再见了云雾缭绕的梯田，再见了动物朋友们。

白光消失后，卡拉塔发现自己已经回到了博物馆的厕所里，地上的嘀嘀嗒也早变回仓鼠标本了。

"得赶紧走了，不然一会儿就闭馆了！"卡拉塔一把抓起仓鼠标本塞进了书包，下意识地摸了摸右肩，"还好还好，我胳膊

还在！"

卡拉塔快速跑出博物馆，没想到在大门口正好撞上了刚下班的老爸。

"卡拉塔，你怎么在这儿？！"卡爸爸叫住了正想开溜的卡拉塔。

"哦，我来看展览呀，顺便探望一下大周末还在辛勤工作的老爸！"卡拉塔嬉皮笑脸。

"你这小鬼！"卡爸爸刮了下儿子的鼻子，"对了，你妈刚刚来电话，问有没有什么想吃的菜。"

"哦……有有有！快和妈妈说，我要一个红烧斑鳢，还要一个酱爆黄鳝！"说着，卡拉塔捂嘴偷笑起来。

"呦，今天胃口这么好啊，看来要长个子了，是该补补。"卡爸爸摸摸卡拉塔的头。

嘿嘿，今天消耗这么大，当然得好好补补啦。卡拉塔偷乐着。

图书在版编目(CIP)数据

我是大英雄 / 陈博君著. — 杭州：浙江大学出版社（疯狂博物馆·湿地季），2018.6
ISBN 978-7-308-18021-4

Ⅰ. ①我… Ⅱ. ①陈… Ⅲ. ①自然科学－儿童读物 Ⅳ. ① N49

中国版本图书馆CIP数据核字(2018)第037539号

疯狂博物馆·湿地季——我是大英雄

陈博君　著

责任编辑	王雨吟	
责任校对	於国娟	
绘　　画	柯　曼	
封面设计	杭州林智广告有限公司	
出版发行	浙江大学出版社	
	（杭州市天目山路148号　　邮政编码　310007）	
	（网址：http://www.zjupress.com）	
排　　版	杭州林智广告有限公司	
印　　刷	杭州钱江彩色印务有限公司	
开　　本	710mm×1000mm　1/16	
印　　张	9	
字　　数	78千	
版 印 次	2018年6月第1版　2018年6月第1次印刷	
书　　号	ISBN 978-7-308-18021-4	
定　　价	25.00元	